高機能・高性能繊維の開発と利用の最前線

Recent Development and Applications of High Functional and High Performance Fibers

監修：山﨑義一
Supervisor：Yoshikazu Yamasaki

シーエムシー出版

巻頭言

日本の繊維産業は，量的にはピークを過ぎたと言われている。中国・インドをはじめとするアジア繊維強国の量的・技術的追い上げが著しく，日本の繊維企業では，選択と集中が加速している。

現時点で，日本に競争力がある繊維素材・分野は，衣料用や家庭用では高感性や高付加価値素材と人工皮革など，産業用では水処理に使用される中空糸や，今回のテーマである高機能・高性能繊維素材群である。すなわち炭素繊維やアラミド繊維など強度・弾性率に優れる高性能繊維と導電性など機能に優れる高機能性繊維などを用いた素材や製品展開である。これら，高性能・高機能繊維群の素材開発においては，日本は世界一の技術水準を誇っている。また，これらの素材は，衣料用や家庭用ではなく，産業用で使用されることが多いが，日本は，建築・土木・自動車・電気・電子などの重要産業分野において世界トップレベルの技術水準にあり，これらユーザー業界とのコラボレーションにより新製品開発が進められている。本書は，この高機能・高性能素材群を繊維段階から製品展開までを含めて紹介したものである。

2019 年 6 月

山﨑技術士事務所；日本繊維機械学会
山﨑義一

執筆者一覧（執筆順）

山　崎　義　一	山崎技術士事務所　所長；日本繊維機械学会フェロー
長　瀬　諭　司	帝人㈱　アラミド事業本部　ソリューション開発部　インフラソリューション開発課
中　村　浩　太	東レ㈱　産業用フィラメント技術部　産業テトロン技術課　課長
吉　川　秀　和	帝人㈱　炭素繊維事業本部　技術生産部門　技術開発部　炭素繊維技術開発課　主任研究員
鈴　木　慶　宜	帝人㈱　炭素繊維事業本部　技術生産部門　技術開発部　炭素繊維技術開発課　主任研究員
角　振　将　平	㈱クラレ　繊維カンパニー　生産技術統括本部　マーケティングチーム　研究員
勝　谷　郷　史	㈱クラレ　繊維カンパニー　生産技術統括本部　産資開発部　研究員
遠　藤　了　慶	㈱クラレ　繊維カンパニー　生産技術統括本部　マーケティングチーム　チームリーダー
大　越　雅　之	山口大学　大学研究推進機構　客員教授
楠　田　泰　文	大阪電気工業㈱　常務取締役　技術担当
松　見　大　介	東レ㈱　フィラメント技術部　愛知フィラメント技術課　課長
福　岡　万　彦	日本蚕毛染色㈱　営業部　部長
木　村　　　睦	信州大学　繊維学部　化学・材料学科　教授
浅　井　直　希	東レ㈱　テキスタイル・機能資材開発センター　第1開発室　室員
黒　田　知　宏	京都大学　医学部附属病院　医療情報企画部　教授
中　田　仗　祐	スフェラーパワー㈱　代表取締役会長
村　上　　　聖	熊本大学　大学院先端科学研究部，工学部　土木建築学科　教授
中　村　一　史	首都大学東京　大学院都市環境科学研究科　都市基盤環境学域　准教授
磯　田　　　実	(一社)日本防護服協議会
石　川　修　作	㈱赤尾　東京営業部　営業部長
武　野　明　義	岐阜大学　工学部　化学・生命工学科　物質化学コース　教授，研究推進・社会連携機構　Gu コンポジット研究センター　センター長
小河原　敏　嗣	明大㈱　代表取締役
増　田　正　人	東レ㈱　繊維研究所　主任研究員

目　　次

【第1編　総論】

【第2編　原材料開発】

第1章　高強度・高弾性率繊維

第2章　有機系炭素繊維・耐炎化繊維

第3章　高耐熱性・高難燃性繊維

第4章　有機導電性繊維

【第3編　アフタープロセッシングと応用】

第1章　スマートテキスタイル

第2章 建築・土木資材分野

第3章 防護資材分野

第4章　多用途展開

第１編

総論

総　論

山﨑義一*

1　高性能繊維とは

高性能繊維とは，従来の汎用繊維より，強度／弾性率（堅さ）が非常に高い繊維（高強度・高弾性率繊維）（産業用のナイロンやポリエステルの約2倍の強さ）または，耐熱性に優れる繊維（高耐熱性繊維）などを指す。日本企業の世界全体に占める高性能繊維のシェアは非常に高い（図1）。炭素繊維では約6.5割，パラ系アラミド繊維では約4.3割のシェアを有する。

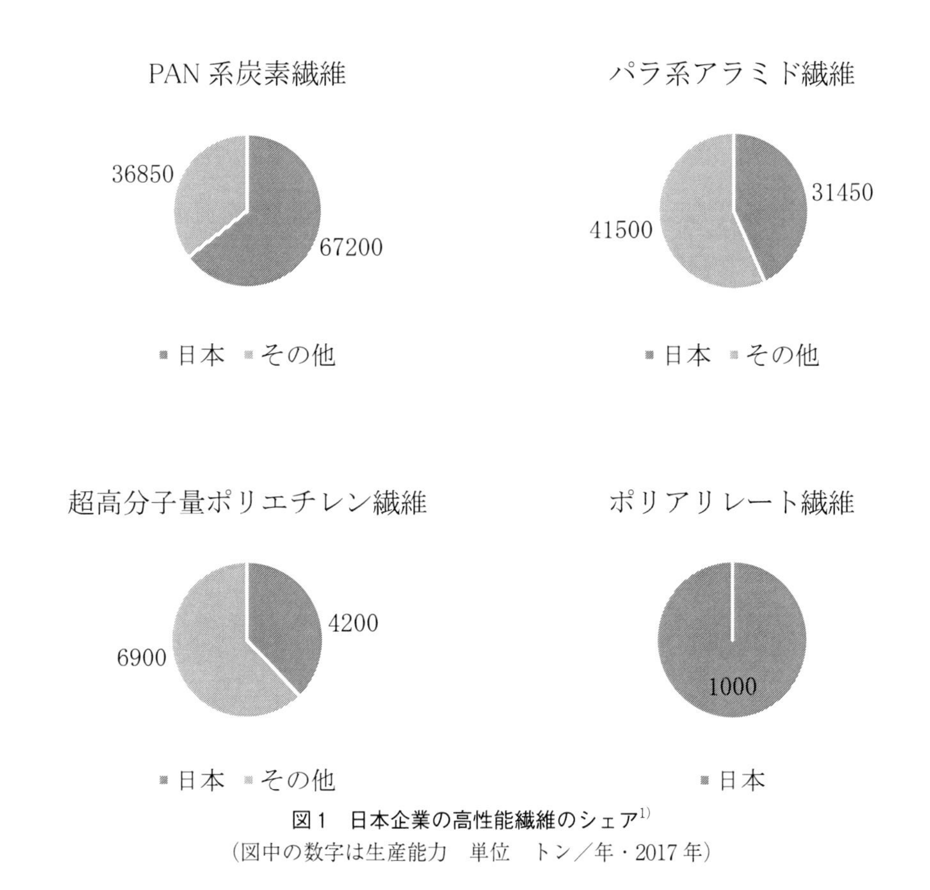

図1　日本企業の高性能繊維のシェア[1)]
（図中の数字は生産能力　単位　トン／年・2017年）

*　Yoshikazu Yamasaki　山﨑技術士事務所　所長；日本繊維機械学会フェロー

2　高強度・高弾性率繊維

日本の高強度・高弾性率繊維の製造会社，商標，特徴，用途などを表1に示す。それぞれの繊維の特徴は，各論で詳述されている。

はじめに，PAN系炭素繊維は，東レ，帝人，三菱ケミカルの3社で製造しており，その用途は多彩である。主に樹脂との複合材料（CFRP）として使用され，鉄と比較して軽量で錆びないとの特徴があり，航空機や建築部材の鉄部材代替素材として需要が伸びている。また，近年，自動車用部材への適用に関する研究と開発が活発化している。図2に炭素繊維（PAN系＋ピッチ系）の出荷量の推移を示す。

次に，ナイロンやポリエステルと同じ有機繊維であるパラ系アラミド繊維は，帝人，東レ・デュ

表1　日本の高強度・高弾性率繊維の製造会社，特徴，用途[3)]

繊維名	国内会社　特徴	主な用途
PAN系 炭素繊維	東レ「トレカ」，帝人「ベスファイト」，三菱ケミカル「パイロフィル」：**高強度・高弾性率**，**耐熱性**，難燃性，耐衝撃性，	スポーツ・レジャー用品，X線機器，航空・宇宙部材，機械部品，鉄道車輌部材，船舶部材，自動車部材，風力発電部材，CNGタンク部材，土木・建築材料
パラ系 アラミド繊維	帝人「テクノーラ」「トワロン」，東レ・デュポン「ケブラー」：**高強度・高弾性率**，**耐熱性**	耐熱摩擦材，タイヤコード，ベルト，防弾服，防護服，ロープ，航空部材，コンクリート補強材
超高分子量ポリエチレン繊維	東洋紡績「イザナス」：高強度・高弾性率，**低密度**，**耐磨耗性**，耐薬品性，耐衝撃性，耐候性	ロープ，緊張材，保護服，スポーツ・レジャー用品，釣り糸，魚網
ポリアリ レート繊維	クラレ「ベクトラン」，KBセーレン「ゼクシオン」：高強度・高弾性率，耐熱性，耐酸性，低伸度，低クリープ性，**低吸湿性**，振動減衰性	ロープ，保護服，スポーツ・レジャー用品，魚網，電材，保護材，成型品機能紙
PBO繊維	東洋紡績「ザイロン」：高強度・高弾性率，**高耐熱性**，**高難燃性**，耐磨耗性，耐衝撃性，耐クリープ性，低吸湿性	防護材，ベルト，ロープ，セールクロス，各種補強材，耐熱クッション材

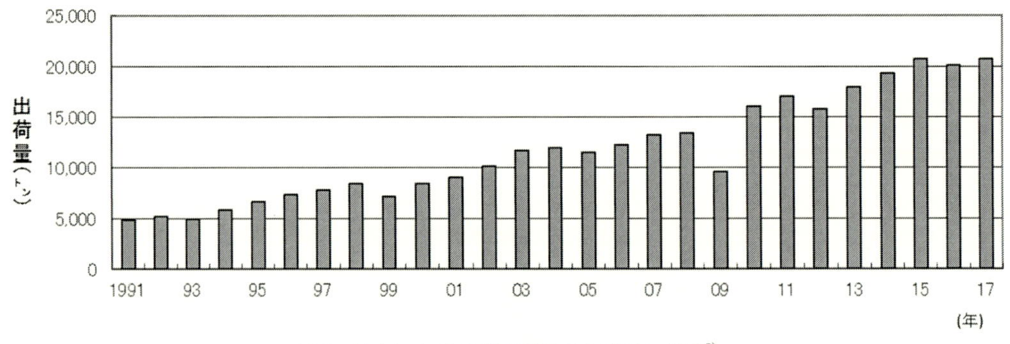

図2　日本における炭素繊維の生産量の推移[2)]

ポンの２社で製造されている，軽量で高強度の特徴を生かし，防弾チョッキなど防護材料分野の主力素材となっている。同じく，有機繊維であるポリアリレート繊維は，クラレ，KB セーレン，東レの３社で製造されているが，水分率がゼロで極低温下でも強度低下が少ないとの特徴がある。また，超高分子ポリエチレン繊維は，スーパーのレジ袋と同じ成分（ポリエチレン）であり，軽くて，摩耗に強いとの特性がある。同繊維は，東洋紡が製造している。次に PBO（ポリ p-フェニレンベンズオキサゾール）繊維は同じく東洋紡が製造しているが，他の高強度繊維よりも強度が強く，また耐熱性にも優れ，さらに難燃性を有する繊維である。

3　高耐熱性繊維

日本の高耐熱性繊維の製造会社，商標，特徴，用途などを表２に示す。それぞれの繊維の特徴は，各論で詳述されている。メタ系アラミド繊維は，帝人，東レ・デュポンの２社で製造しており，PPS 繊維は，東レ，東洋紡，KB セーレンの３社で，PEI 繊維はクラレ１社が製造している。

4　高機能繊維

高機能繊維の代表として導電性繊維を取り上げる。日本の導電性繊維の製造会社，商標，素材，形態などを表３に示す。導電性繊維は，その製法と構成物質などから金属系，炭素微粒子系，金属化合物系などに分類される。近年，カーボンナノチューブ（CNT）を用いたものも開発されている。導電性繊維は，現在，注目を浴びている，スマートテキスタイルの分野でキー技術となっている。

表２　日本の高耐熱性繊維の製造会社，特徴，用途[3)]

メタ系アラミド繊維	帝人「コーネックス」 東レ・デュポン「ノーメックス」	高耐熱性，難燃性 200℃ 1000 Hr で強度保持率 85～90% LOI 値 29～32	フィルター，電線被覆，防炎服，防護服，防弾服，作業服
ポリフェニレンサルファイド（PPS）繊維	東洋紡「プロコン」， 東レ「トルコン」， KB セーレン「グラディオ」	高耐熱性，高耐薬品性，絶縁性 170～190℃連続使用可能	フィルター，抄紙用キャンバス，電気絶縁材
ポリエーテルイミド（PEI）繊維	クラレ「KURAKISSS」	高耐熱性，難燃性 低発煙性，熱可塑性 180～200℃連続使用可能	衣料分野，輸送機器分野，電気電子分野
ポリイミド繊維	P-84（東洋紡　輸入）	高耐熱性，難燃性，ループ強度，濾過特性 260℃機械的性質不変，500℃以上で炭化	フィルター，耐熱服，防炎服，航空・宇宙部材

表3　日本の導電性繊維の分類，製造会社，商標，素材，形態[4)]

分類		商標	製造会社	素材	形態
金属系	金属線メッキ	ナスロン	日本精線	ステンレス	S
	無電解メッキ	プラット	セーレン	ポリエステル	F
炭素微粒子練込	コーテイング	メタリアン	帝人	ナイロン	F
	CNT コーテイング	CNTEC	クラレ	ポリエステル	F
	複合繊維	ベルトロン	KB セーレン	ナイロン，ポリエステル	F, S
		メガⅢ	ユニチカ	ナイロン	F
		ルアナ	東レ	ナイロン，ポリエステル	F
		クラカーボ	クラレ	ポリエステル	F
		セルカット	帝人	ナイロン	F
	混合繊維	ルアナ SA-7	東レ	アクリル	S
金属化合物利用	表面処理	サンダーロン	日本蚕毛	アクリル	S
		T-25	帝人	ポリエステル	F
	練込複合繊維	ホワイトベルトロン	KB セーレン	ナイロン	F, S
		メガーナ	ユニチカ	ナイロン	F
	浸漬還元	クラロン EC	クラレ	ビニロン	F, S

（F：フィラメント　S：ステープル）

5　ナノファイバー

高性能繊維や高機能性繊維の範疇には含まれないかもしれないが，本書では，ナノファイバーも取り上げた。ナノファイバーは，繊維直径がサブミクロン以下の繊維を指し，極細繊維技術を応用したものから，エレクトロスピニングと呼ばれる高電圧を応用したものなど様々なものがある。ナノファイバーは，単位容積当たりの繊維表面積が非常に大きくなることによる，従来の改質繊維とは異なる特徴が生まれる。

参考資料

日本企業の炭素繊維設備能力[1)]

繊維名	企業名	生産能力（トン／年）	
PAN系炭素繊維（レギュラートウ＋ラージトウ）	東レ	9,300	
	東レ海外展開	17,800	（米国・ドイツ・韓国）
	同ラージトウ	15,500	（米国・ハンガリー）
	東邦テナックス	6,400	
	海外展開	5,100	（ドイツ）
	三菱ケミカル	8,100	
	海外展開	5,000	（米国）

日本企業のパラ系アラミド繊維設備能力[1)]

繊維名	企業名	生産能力（トン／年）	
アラミド繊維	東レ・デュポン	パラ系　2,500	
	帝人	パラ系　2,500	
		メタ系　2,700	
	帝人海外展開	パラ系　26,450	（オランダ）

日本企業の高性能・高機能繊維（炭素繊維・アラミド繊維を除く）の設備能力[1)]

繊維名	会社名	工場所在地	商標	生産能力（トン／年）	
ポリアリレート繊維	クラレ	西条	ベクトラン	1,000	
	東レ	—	—	—	
	KBセーレン	鯖江	ゼクシオン	—	
PBO繊維	東洋紡	敦賀	ザイロン	300	
超高分子量ポリエチレン繊維	東洋紡	敦賀	イザナス	3,200	
	東洋紡	敦賀	ツヌーガ	1,000	
PPS繊維	東レ	愛媛	トルコン	3,200	
	東洋紡	敦賀	プロコン	3,100	
	KBセーレン	鯖江	グラディオ	—	
ポリエーテルイミド	クラレ	倉敷	クラキス	500	
フッ素系繊維	東レ	松山	トヨフロン	270	
ノボロイド繊維	日本カイノール	高崎	カイノール	600	

文　献

1)　繊維ハンドブック（日本化学繊維協会）
2)　炭素繊維協会
3)　日本化学繊維協会，各社パンフレット
4)　網屋繁俊，㈱繊維リソースいしかわ，講義資料，2008年10月

第２編
原材料開発

第1章　高強度・高弾性率繊維

1 「トワロン」,「テクノーラ」の特性と用途展開

長瀬諭司*

1.1 アラミド繊維の概要

1.1.1 製造の変遷（歴史）

(1) アラミド繊維の分類

アラミド繊維の歴史はDuPont社のS. L. Kwolekらが，芳香族アミドポリマーの研究を開始し，1958年に高分子量の芳香族ポリアミドの製造方法及び物質特許を出願した事にはじまる[1]。その後DuPont社を含む各社で研究が重ねられ，その分子構造中における芳香環上のアミド結合基の位置の違いに由来した，メタ型アラミド繊維とパラ型アラミド繊維がそれぞれ開発，上市され，その特徴に応じた用途に広く利用されている。

(2) パラ型アラミド繊維

剛直な分子構造から不溶不融とされていたパラ型芳香族アミドポリマーを，DuPont社が濃硫酸に溶解させ紡糸する方法を発見し，パラ型アラミド繊維の開発に成功して1972年からKevler® という商標で販売を開始した。

その一方でEnka社（後にAkzo-Nobel社を経て，当該事業は2000年に帝人㈱に買収された）も，同様に硫酸紡糸によるアラミド繊維について技術開発に成功し1986年よりTwaron® としてアラミド繊維の商業生産と製造販売を開始した。

他方，帝人は，有機溶媒に可溶な共重合型パラ型アラミド繊維の開発にも成功し，1987年からTechnora® として商業生産と販売を開始した。共重合タイプを含むパラ型アラミド繊維は価格と繊維性能のバランスの良さから，広く産業資材用途に広く利用されている。

1.2 製造技術

1.2.1 パラ型アラミドの重合と製糸

パラ型アラミドのうちホモポリマーのものにはTwaron® やKevler® があり，これらはポリパラフェニレンテレフタルアミド（PPTA）と呼ばれている。PPTAは有機溶媒中でパラフェニレンジアミン（PPD）とテレフタル酸クロライド（TPC）で溶液重合を行った後ポリマーを単離し，得られたポリマーを硫酸で溶解し半乾半湿式紡糸した後，硫酸の抽出，洗浄と中和処理を行ってから製品として巻き取られている。

---

* Satoshi Nagase　帝人㈱　アラミド事業本部　ソリューション開発部
インフラソリューション開発課

一方，ジアミンとしてPPDと3,4-ジアミノフェニルエーテルを共重合させたコポリマーが帝人のTechnora®である。Technora®は有機溶媒中で共重合され，ポリマーを単離することなくポリマー溶液から直接，半乾半湿式紡糸され水洗後，延伸と熱処理が行われる。PPTAの半乾半湿式紡糸のイメージを図1に示す[2~4]。

PPTAの融点は500℃以上と高く溶融紡糸は困難であり，一般的に溶液紡糸が行われている。PPTAの硫酸溶液は一定の条件下で液晶性を示し異方性示すことが知られている[5]。PPTA繊維はポリマー溶液をノズルと凝固液面にエアーギャップを介した半乾半湿式紡糸（ドライジェット紡糸とも呼ぶ），あるいはノズルが凝固液に浸漬している湿式紡糸が可能である。パラ型アラミドの用途に短繊維利用もあるがその使用量は多くなく，主に長繊維として利用されており，生産方式も長繊維に適した高速生産が可能な半乾半湿式紡糸が主流である。エアーギャップ法では，紡糸速度とノズルの吐出線速度の比（ドラフト比という）を大きくすることができ，またノズルと凝固液が空気層で隔てられていることから，各々別の温度を選択することができ高濃度のポリマー溶液を安定して吐出し，また比較的低温に設定した凝固液を用いることで凝固糸に空孔を形成せずに安定した凝固を連続的に行うことが可能になる。高濃度のポリマー溶液を用いることは，吐出量当たりの繊維収量を向上させることに直結し，生産性能向上に役立っている。

Technora®もTwaron®やKevler®と同様に，エアーギャップによる半乾半湿式紡糸を採用している。Technora®ではポリマー溶液はノズルからエアーギャップを介して凝固液であるアミド系有機溶媒の水溶液中に吐出され凝固糸を得る。凝固糸状は水洗された後，高温下で5から

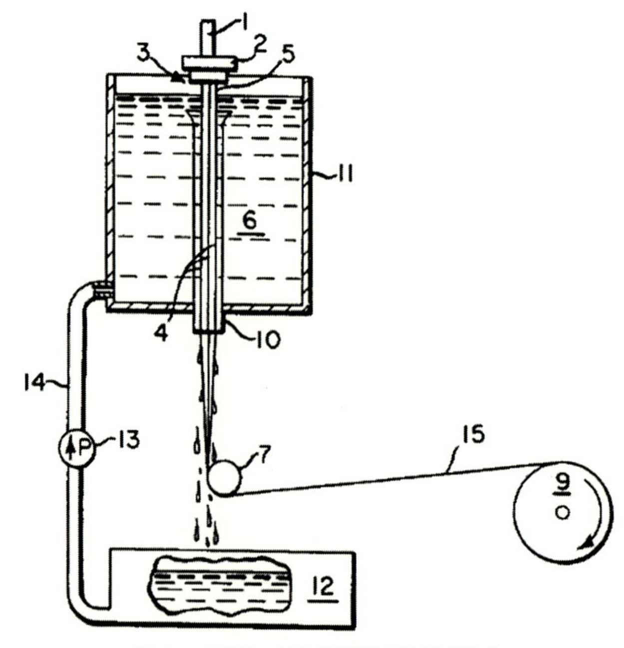

図1　パラ型アラミド繊維の乾湿式紡糸

20倍に延伸させて高配向化させ強度を発現させている。

Technora® がPPTAホモポリマーと異なる点は，紡糸溶媒に硫酸を用いずに有機溶媒を用いているので中和工程を必要とせず，且つ硫酸によるポリマーの分解が起こらない点である。

1.2.2　プロセス

パラ型アラミド繊維，PPTAの代表的な製造工程フローを図2に示す[6)]。パラ型アラミドは原料となるPPDとTPCを有機溶媒中で溶液重合を行った後，中和してポリマーを単離する。このポリマーを紡糸溶媒である硫酸に溶解しポリマー溶液をノズルから押し出し，エアーギャップを介した半乾半湿式紡糸によって凝固糸を得る。その後，凝固糸を水洗，中和し製品を巻き取る。

1.3　パラ型アラミド繊維の物性と用途展開

アラミド繊維と他の合成繊維との物性比較を図3に示す。PPTA及びその共重合体のテクノーラ®は，機械特性はスーパー繊維の中では中位に属するが，コストパーフォーマンスは非常に高い繊維で，重量物の吊り上に使用するスリングロープや大型船舶を係留するモーリングケーブルなどのロープ類を中心とした産業資材，タイヤや伝動ベルトなどのゴム補強，光ファイバーや送電線などのケーブル被覆，その他の樹脂やコンクリート補強，また防弾用素材など防衛産業にも利用されている[7)]。

図2　パラ型アラミド繊維（PPTA）の工程フロー

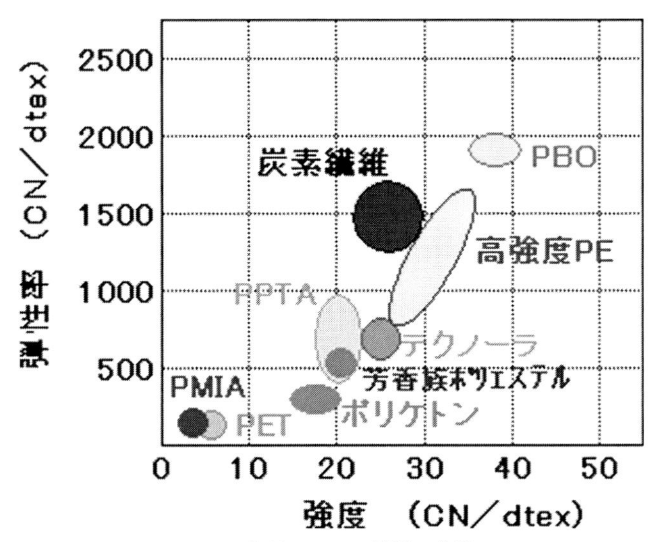

図3　各種スーパー繊維の物性

1.4 今後の展望／最新の技術動向

パラ型アラミド繊維の特徴と，主要な製造技術について紹介してきた。過去，高強力を特徴とするパラ型アラミド繊維として開発され，産業用途を中心に広く提供されてきた。現在ではいろいろな種類のスーパー繊維が開発されて上市されているが，未だ，アラミド繊維はコストと性能のバランスに優れており多くの分野で利用され続けている。

その一方で，文明社会の高度化により一層，高性能・高機能で，かつ地球環境にも配慮した新しい技術とこれを補う繊維が求められている。製品の長寿命化，高耐久化にアラミド繊維の貢献が期待されており，優れた繊維を提供し続ける必要がある。

前述の通り，パラ型アラミド繊維においても，操業当初は高強力と高剛性を特徴としていたが，より高性能なスーパー繊維が提供されている今日では，機械特性だけでは性能優位性があるとは言い難く，耐熱性や耐薬品性などといった他の性能と，厳しい使用環境下における安定した機械特性を両立することで，他素材では両立が難しい特徴と利用しやすい価格を活かした分野での利用が広がっている。耐熱性だけ，高強力だけなど１つの性能を追求するだけでなく，複数の優れた機能を両立させることが今後，アラミド繊維に求められる。

文　　献

1) S. L. Kwolek *et al.*, US Patent, 3, 063, 966 (1962)
2) 中山修，繊維機械学会誌，**56**(3)，41 (2003)
3) H. Blades, US Patent, 3, 767, 756 (1973)
4) H. Blades, US Patent, 3, 869, 429 (1975)
5) 小出直之 坂本国輔 共著，液晶ポリマー，共立出版 (1988)
6) 野間隆，繊維学会誌，**56**(8)，241 (2000)
7) 高田忠彦，繊維学会誌，**54**(1)，3 (1998)

2 液晶ポリエステル繊維“シベラス”の特性と用途展開

中村浩太*

2.1 はじめに

1970年頃より多くの化学・繊維メーカーが高強度・高弾性有機繊維の開発を進め，ゲル紡糸法で得られる超高分子量ポリエチレン繊維，溶液液晶ポリマーの湿式紡糸等で得られるパラアラミド繊維等が誕生した。また，液晶の繊維化という観点では，当然，溶融紡糸法で得られる溶融液晶繊維の開発も各社で盛んに行われ，1990年にはセラニーズ（米）の技術を導入したクラレが液晶ポリエステル（LCP）繊維“ベクトラン”を世界で初めて上市した。

溶融液晶性を有する剛直ポリマーを原料とするLCP繊維は紡出時に分子鎖が繊維軸方向に配向するため熱延伸をする必要はない。しかしながら，剛直ポリマーに曳糸性を与えるために比較的低重合度のポリマーが用いられることから溶融紡糸直後の原糸強度は必ずしも高くなく，所謂スーパー繊維と呼ばれる領域まで高強度化させるために紡出糸条を高温熱処理（固相重合）することが必要である。LCP繊維は既存の溶融紡糸設備を活用して紡出可能であることから，“ベクトラン”上市以降も多くの企業で事業化検討がなされたが，前述固相重合工程での単糸間融着回避等の技術ハードルが高く，前述のクラレに加え，KBセーレン，東レのみが製糸技術を確立するに留まっている。

LCP繊維の原料としては，溶融成形性，及び，得られる繊維の物理特性の観点からヒドロキシ安息香酸（HBA）とヒドロキシナフトエ酸（HNA）の共重合体が主流である[1]が，東レではLCP樹脂を自製化している強みを活かし，HBA/HNA系以外の樹脂を用いてLCP繊維“シベラス（SIVERAS)”を開発したことにより世界で唯一，液晶ポリエステル樹脂と繊維の両方を製造できるメーカーとなった。この東レの独自のポリマー技術と製糸技術を組み合わせてなるシベラスは，従来LCP繊維同様，高強度・高弾性の特徴を発現することに加え，独自の興味深い特性を有している。

2.2 “シベラス”の特性

図1に各種スーパー繊維の機械特性を示すとおり，“シベラス（図中SIVERAS)”は超高分子量ポリエチレン（図中UHMWPE)，パラアラミド（図中p-Aramid)，及び，従来のHBA/HNA系LCP繊維（図中Existing LCP）同等以上の強度・弾性率を有している。また，図2に原糸破断荷重の30%荷重条件（超高分子量ポリエチレンのみ20%荷重下）におけるクリープ特性を示すとおり，これまで，超高分子量ポリエチレン対比寸法安定性に優れることが報告されてきたHBA/HNA系LCP繊維[1]と比べても，“シベラス”の荷重下寸法安定性は更に良好である。加えて，LCP繊維はアラミド対比，振動減衰性に優れる，低吸水で湿潤時強度に優れる，及び，超高分子量ポリエチレン対比耐熱性に優れる特徴を有しており，これら強みを活かした用

* Kota Nakamura　東レ㈱　産業用フィラメント技術部　産業テトロン技術課　課長

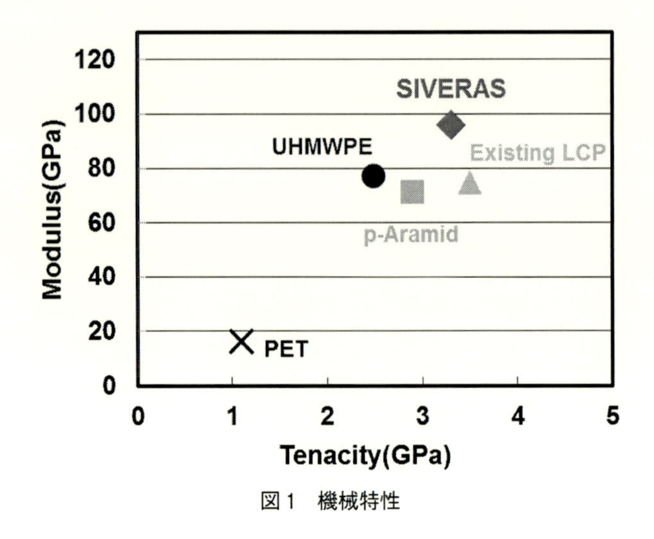

図1　機械特性

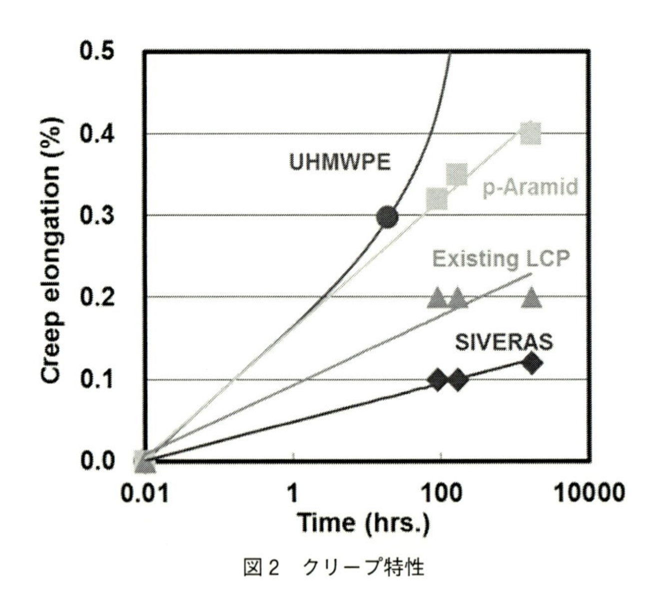

図2　クリープ特性

途展開がなされている。

LCP 繊維を産業用途へ展開する際の大きな興味の一つである疲労性に関するデータを図3に示す。図3は MIT 試験機を用いて荷重 0.88 cN/dtex 下，屈曲角 270° で 2000 回繰り返し屈曲させた際の強度保持率を示している。LCP 繊維はパラアラミド繊維対比，屈曲疲労性に優れる特徴を有しており，特に，“シベラス”は HBA/HNA 系 LCP 繊維と比較して屈曲疲労面で優位である。前述のクリープ特性も含め，これら LCP 繊維間の特性差は，“シベラス”の原料ポリマーが HBA/HNA 共重合ポリマー対比直線性が高い特徴を有していることに起因するものと考えられる。

スーパー繊維に要求される機能である耐熱性，防炎性に関し，“シベラス”は従来の

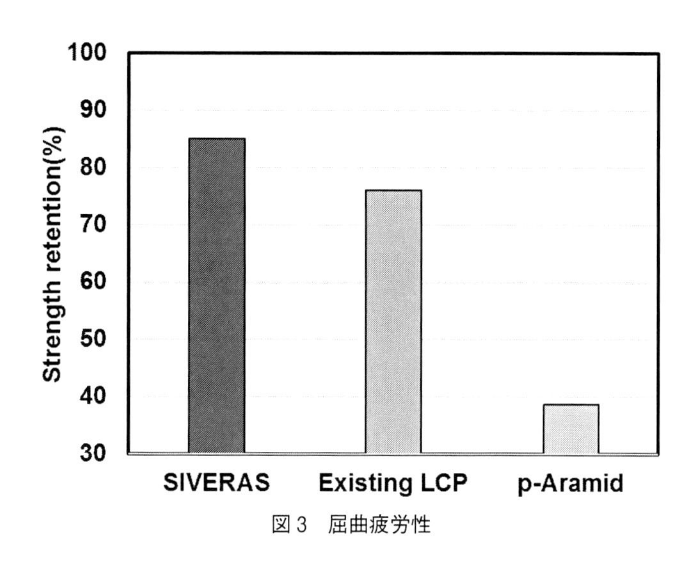

図3　屈曲疲労性

HBA/HNA系LCP繊維，及び，パラアラミドと同等の特性を有しており，例えば300℃雰囲気で5分間処理した際の強度保持率はパラアラミドが約75%，“シベラス”及びHBA/HNA系LCP繊維はともに約80%と高い耐熱性を示す。また，“シベラス”，HBA/HNA系LCP繊維，パラアラミドは筒編み形態でのLOI値が約30と高い難燃性を示す。

一方，LCP繊維の一定条件下での化学安定性，及び，耐光性は必ずしも高いものではない。図4にキセノンを光源とした耐光性試験機でLCP繊維，パラアラミドを50～200時間処理した際の強度保持率を示す通り，LCP繊維の光安定性はパラアラミド対比低い。このため，紫外線に絶えず暴露される用途においては，LCP繊維製品を他素材で被覆，又は，コーティングして使用されることが多い。またLCPはポリエステルの一種であることから，高温多湿雰囲気また

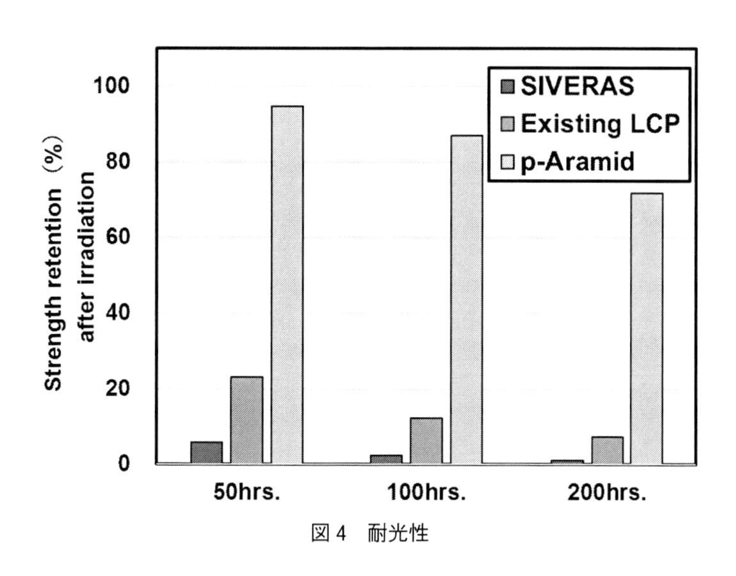

図4　耐光性

はアルカリ雰囲気下での加水分解には注意が必要である。LCP 繊維にとって耐光性と耐加水分解性の改善は大きなチャレンジであるが，東レではLCP 樹脂・繊維を自社で開発できる強みを活かしてこれら課題解決を目指した検討を継続している。

前述の通り，スーパー繊維は高強度・高弾性，耐熱性，難燃性等に優れることから産業資材や防護材料としての展開が進んでいるが，従来のスーパー繊維には繊維製品中で製造者が期待するほどの強力を発現しないという課題がある。図5に横軸に繊維の弾性率，縦軸に繊維を撚係数80で撚糸した際の強力利用率を示すとおり，一般的に原糸の弾性率が高くなるに従い加工時の強力利用率が低下する傾向にあり，例えば強度24 cN/dtex の繊維を用いて製造した太径ロープの強度が約5 cN/dtex となる等の現象が生じる。

シベラスは当該課題の解決を意識して開発を推進し，現在では図5記載のように高弾性率でありながらも撚糸後にも高い強力利用率が得られるように設計した，高次加工時の強力低下を抑制させ得るグレードをラインナップしている。

図6に同一繊度の“シベラス”撚糸後強力利用率向上グレード（24 cN/dtex），従来製法で得たHBA/HNA 系 LCP 繊維（25 cN/dtex）を用いて試作した直径12 mm ロープの強力（図中数値），及び，ロープ強力を使用原糸の強力和で除した強力利用率（図中棒）を示す。図より明らかなように“シベラス”の強力利用率改善グレードは加工後の強力低下が小さく，ロープ強力も従来品比約30％高くなる結果が得られている。

2.3 “シベラス”の用途展開

これまで，LCP 繊維の持つ高強度・高弾性，寸法安定性，耐熱性，湿潤時強度等の優れた性能を活かし，非常に幅広い用途展開がなされてきた。例えば，湿潤時強度，荷重下での寸法安定

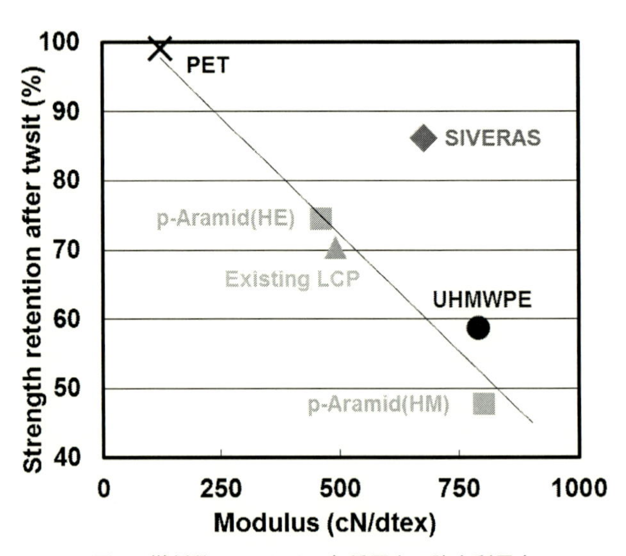

図5　撚係数80における各種原糸の強力利用率

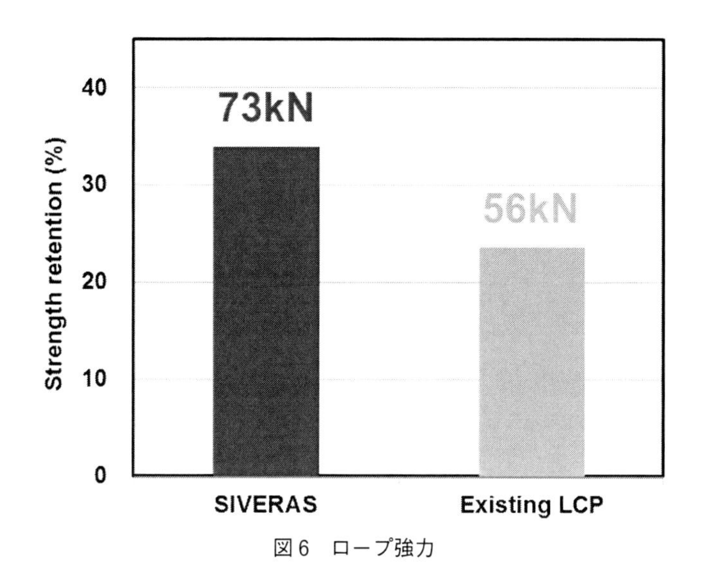

図6　ロープ強力

性，及び，高比重の観点からパラアラミドや超高分子量ポリエチレンが使用し難い海洋資材分野において，LCP 繊維はその強みを活かしてシェアを拡大している。陸上で使用される各種資材ネットやスリング等の繊維資材においても高強度，優れた屈曲疲労性，及び，寸法安定性を活かした用途展開が進んでおり，炭素繊維対比振動減衰性に優れる特徴から樹脂補強材料としての製品化検討も活発に行われている。更に今後は金属対比，軽量で防錆性に優れる特徴から，金属代替としての展開が加速するものと期待されている。また，他繊維素材との複合化により互いの強みを活かした繊維製品が得られることも徐々に判りつつあり，今後は他素材と複合した高次加工品の開発も進むであろう。

いずれの用途においても，繊維製品にポリアミド6，ポリエチレンテレフタレート繊維等の汎用繊維ではなくスーパー繊維を使用する大きな目的は繊維製品の高強力化，又は，高強度繊維の使用による繊維使用量の削減（軽量，薄肉・薄径化）である。この目的から考えても高次加工時の強力利用率に優れるシベラスは非常に好適であり，今後，“シベラス”を用いた繊維製品の展開が進んでいくと確信している。

2.4　おわりに

LCP 繊維は非常に面白い素材であることからアジア諸国で事業化を目指した検討が進められているようであるが，その製造の難しさから，現状，技術確立をしたメーカーはクラレ，KB セーレン，東レの3社と認識している。確かに LCP 繊維には耐光性，耐加水分解性等の課題はあるものの，繊維化技術を確立した我々日系企業が開発を進め，また，更なる高機能化を図ることで LCP 繊維がスーパー繊維のスタンダードとなることを期待している。

文　献

1)　片山隆，繊維学会誌，**73**(11)，424 (2017)

第2章　有機系炭素繊維・耐炎化繊維

1　PAN系炭素繊維「テナックス」の基盤技術と用途展開

吉川秀和*

1.1　はじめに

炭素繊維は軽くて，強い素材として，航空宇宙分野，スポーツ・レジャー分野，一般産業分野の幅広い用途で使用されており，PAN（ポリアクリロニトリル）系炭素繊維もそれぞれの分野・用途に多く使用されている。

炭素繊維は，通常樹脂（熱硬化・熱可塑樹脂）と組み合わされ，コンポジット（CFRP・CFRTP）として使用される。本稿では，PAN系炭素繊維の基盤技術及び炭素繊維の用途展開について報告する。

1.2　炭素繊維基盤技術について

PAN系炭素繊維は，アクリル繊維（PANプリカーサー繊維）を空気中250～350℃で耐炎化

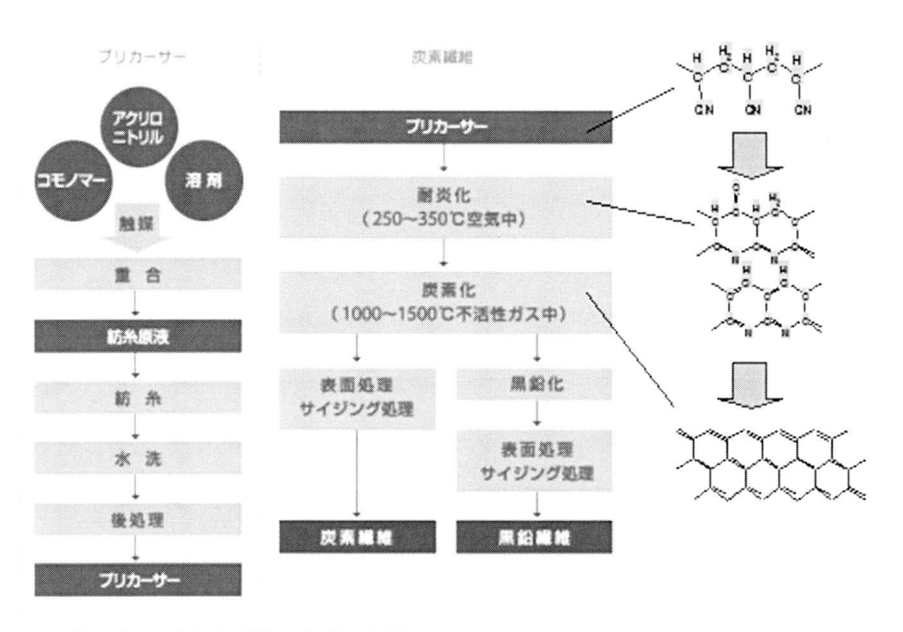

図1　炭素繊維の製法

*　Hidekazu Yoshikawa　帝人㈱　炭素繊維事業本部　技術生産部門　技術開発部
炭素繊維技術開発課　主任研究員

処理を行い，次いで不活性ガス（窒素など）中1000～1400℃で炭素化処理を行い，必要に応じて，さらに高温で黒鉛化処理，後処理（表面処理・サイジング処理）することで炭素繊維となり，多くの検討がなされてきた（図１）[1)]。

炭素繊維は，通常，樹脂と組み合わせることにより，コンポジットとして使用されることが多く，特に，炭素繊維と樹脂との間の接着技術（界面制御）が重要である。炭素繊維の表面はグラファイト面が拡がっており，高温で焼成しただけでは，樹脂との濡れは悪く，一般に表面酸化処理により各種官能基（-COOHや-OHなど）を付与する。これにより樹脂との濡れは改善される（図２）[2)]。

通常，炭素繊維の表面処理の程度はO/C（表面酸素濃度）の割合で示され，このO/Cがコンポジット物性（熱硬化樹脂との組み合わせの場合）に大きな影響を与える。一般に知られている傾向として，O/Cが高くなると接着性が向上し，90°引張強度は向上する。しかしながら，0°引張強度は低下する。図にO/Cの違いによる0°引張強度測定試験後の試験片写真を示したが（図

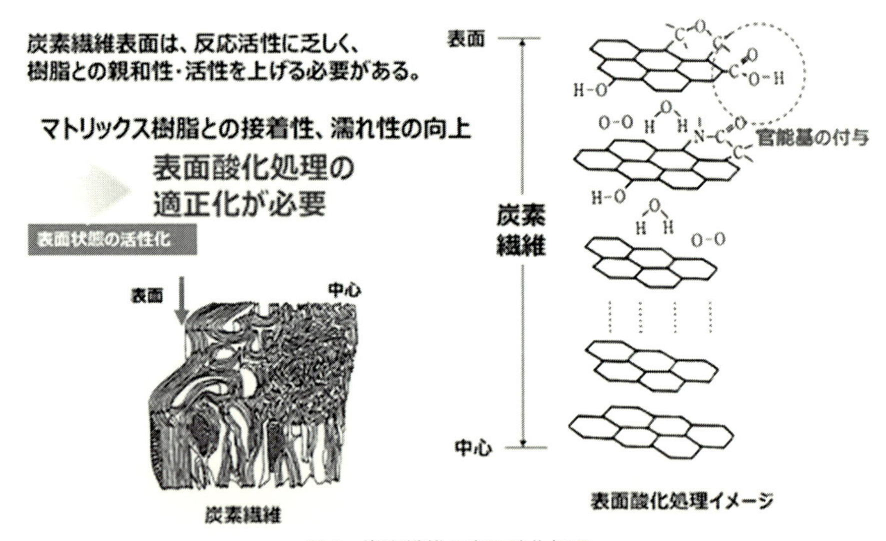

図２　炭素繊維の表面酸化処理

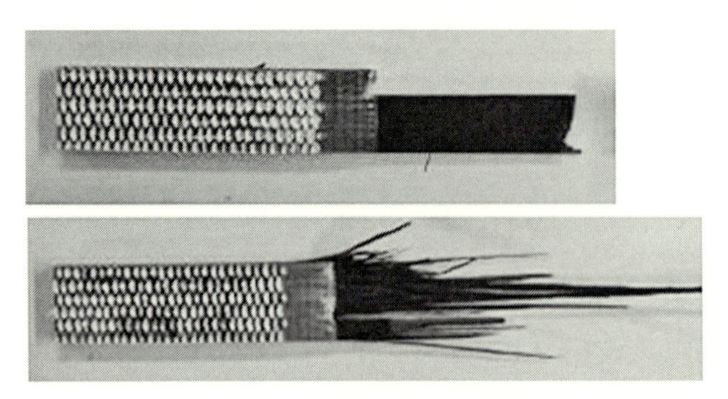

図３　O/Cの異なる0℃引張強度測定試験片

3），O/C の違いにより破壊形態が大きく異なる様子を観察することができる。このように表面酸化処理による O/C の制御は，求めるコンポジット物性により最適化することが重要である。

一方，熱可塑樹脂の場合は熱硬化樹脂との組み合わせとは異なる。熱可塑樹脂としてポリプロピレン樹脂（PP 樹脂）との接着をイメージしたものを示した（図 4）[3,4]。

全てがこれに当てはまるというのでは無いが，エポキシ樹脂は炭素繊維の表面官能基と反応しやすく，良好な接着性が得られる。一方，PP 樹脂は炭素繊維表面の官能基とは反応できないので，そのままでは接着性は低く，両者をつなぐための改質が必要である。改質の方法としては多くの提案がなされ，例えば，樹脂やサイジング剤の変性処理（PP 樹脂への官能基の導入）などが提案されている。

均一性についても重要であり，特に，サイジング剤付与の均一性が重要と考えられる。その理由として，炭素繊維は脆性材料であるため，擦過に弱い。そのため，サイジング剤付与を均一にすることで，繊維への保護効果が上がり，擦過時の繊維損傷を低減できる。また，マトリックス樹脂との濡れ性・接着性にも影響を与え，コンポジット物性にも影響を及ぼすことが確認されている（図 5）。

サイジング剤の均一性の影響として，ストランド（束）の内側，外側の付着状態が異なるものを示した（図 6）。この炭素繊維をもちいて，同条件でコンポジット物性を測定した結果，0°引張強度，90°引張強度両方共に均一性が高いものの方が物性が高くなることが確認された。

このように，炭素繊維のパフォーマンスを発揮するためには，界面の制御がとても重要であり，帝人炭素繊維「テナックス」は上記技術を盛り込み生産されている。

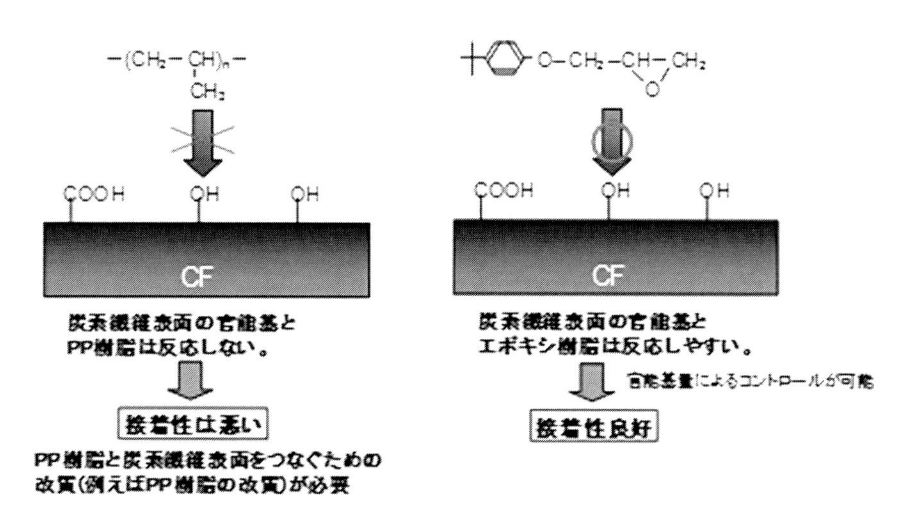

図 4　炭素繊維と樹脂との接着

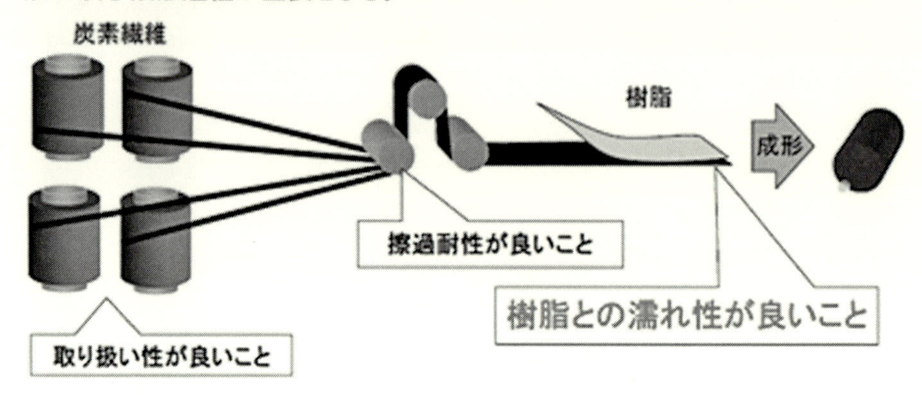

図5 サイジング剤に求められる特性

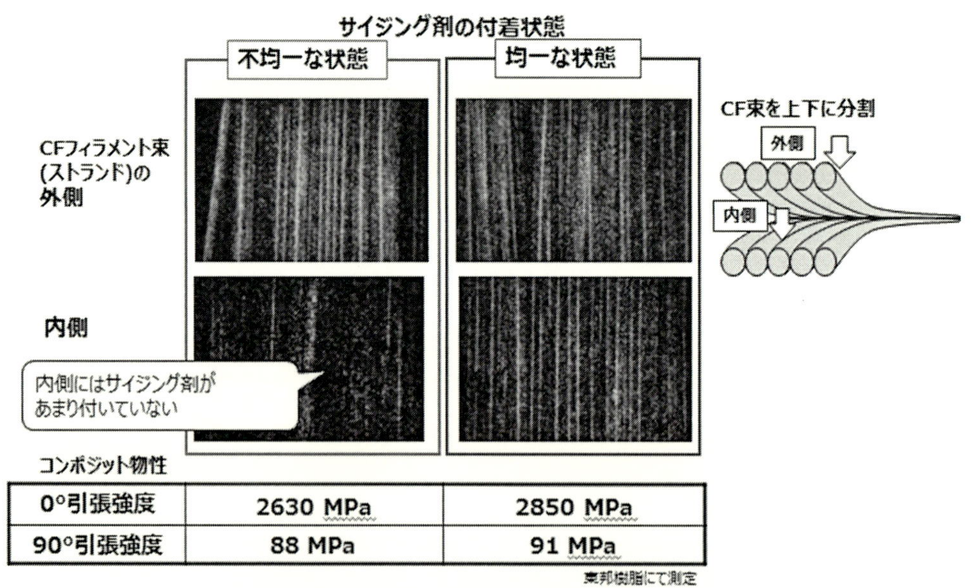

	不均一な状態	均一な状態
0°引張強度	2630 MPa	2850 MPa
90°引張強度	88 MPa	91 MPa

図6 サイジング剤の均一付着の影響

1.3 複合材料への用途展開

炭素繊維コンポジット（CFRP）は，航空機，鉄道車両，圧力容器，風車，スポーツ・レジャーなど多くの用途で使用されており，新たな試みとして，鉄道車両用台車への展開が行われている（川崎重工業社 efWING® CFRP 製軸バネ 図7）[5]。

台車枠の主構造に CFRP を採用。この CFRP にサスペンション機能を持たせて，重量を従来

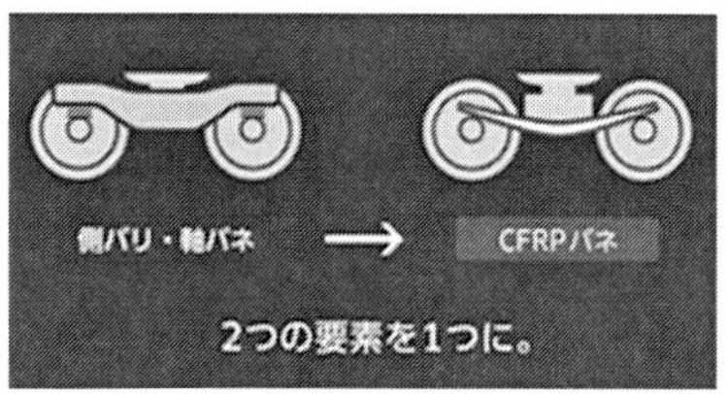

鉄道車両工業 470 号 2014.4 より

図7　川崎重工業社 efWING® CFRP 製軸バネ

比 40%（1 両当たり約 900 kg）軽減。燃費向上，CO_2 排出量削減。走行時の安全性も大幅に向上することができた。

また，注目を浴びているのは，熱可塑樹脂コンポジット（CFRTP）である。成形時間短縮やリサイクル性，また高靱性の点からも期待が大きい。

例えば，中間基材として熱可塑性 CF 織物プリプレグが開発されている。ロール状で供給でき，加工性・意匠性に優れたプリプレグであり，熱可塑樹脂なので使用後のリサイクルも考慮した材料である（図8）。

別の中間基材例としては，LFT と呼ばれる長繊維の熱可塑ペレットがあり，カメラボディーの基材として採用されている（マグネシウムボディー⇒LFT）。強度や機能が必要な筐体への展開が期待できる（図9）。

自動車用途への展開も進んでいる。自動車の軽量化は，CO_2 排出削減と燃費向上に大きく寄与するため，車体の軽量化などの技術開発を進めている（帝人 Sereebo® 熱可塑性材料を用いた

図8　熱可塑性 CF 織物プリプレグ

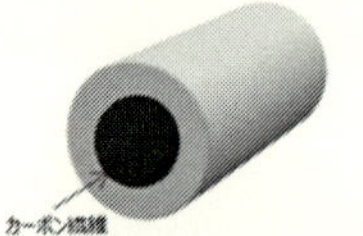

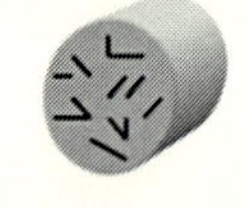

図 9　Sereebo® P シリーズ LCF（射出成形用 炭素長繊維強化樹脂）

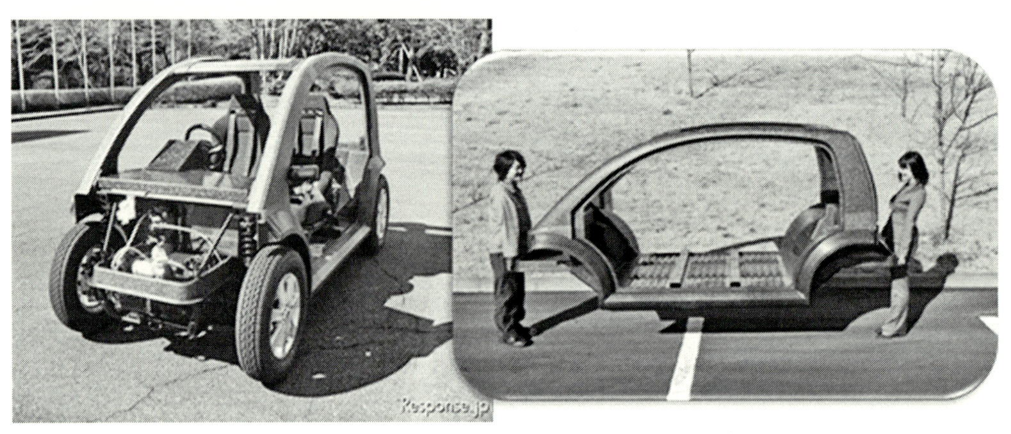

図 10　CFRTP 製コンセプトカー（帝人 Sereebo®）

CFRTP 製のコンセプトカー 図 10)。

車体骨格重量は 47 kg（従来の鉄製骨格の約 1/5）と軽く，女性でも持ち上げることができる。タクトタイム（成形）は約 1 分と成形加工時間の大幅短縮により車の生産タクトタイムに合致することができ，一体成形による部品点数の大幅削減が期待できる。

また，成形方法についても様々なテキスタイル加工技術の応用やハイブリッド化などが期待されている。さらに，炭素繊維は機械特性 + α（熱的安定性，導電性など）の特性を有しており，これらの特性を活かしたコンポジットの開発にも期待がかかる（例えば，ニッケルコートを行った炭素繊維は，電磁波遮蔽効果を有しており，パソコンの筐体など多くの用途で使用されている)。

1.4　終わりに

炭素繊維は，日本が世界に誇る素材である。今後，ますます多くの用途展開が期待されている。

また，低価格化やリサイクルの課題もあり，さらなる技術革新が望まれている。

文　　献

1)　特許 4088543，4088500，4271019，4662450，5036182，5100758　ほか
2)　大谷杉郎ほか，炭素繊維，近代編集社（1983）
3)　P. Morgan, "CARBON FIBERS and their COMPOSITES", CRC Press（2005）
4)　Ronald F. Gibson, "PRINCIPLES OF COMPOSITE MATERIAL MECHANICS", CRC Press（2011）
5)　鉄道車両工業，No 470 号（2016）
ほか　帝人㈱　資料

2　合成繊維（酸化ポリアクリルニトリル）「パイロメックス」の特性と用途展開

鈴木慶宜*

2.1　パイロメックス開発の背景

1983年にシンシナティ空港に緊急着陸した航空機の火災事故以降，航空機用座席材料に関する安全基準が強化され，難燃性材料を使用することとなった。航空機用途に続き，難燃性材料の需要は鉄道，地下鉄，バス，自動車や劇場，会議場などの公共施設にまで及んだ。また，1984年に東京で起こった通信ケーブルの火災も難燃性材料の需要を増加させたといわれている。

一方，当時の不燃性材料の代表であったアスベスト（石綿）はその有害性が指摘され，1986年の米国環境保護庁による規制を皮切りに，使用が制限されることとなり，その代替材料の開発が望まれていた。パイロメックス®は当社（当時の東邦レーヨン㈱）がこのような需要に応えるべく炭素繊維製造技術をベースとして1980年代より製造販売を開始した材料である。

2.2　パイロメックスの製法

パイロメックス®は当社の合成繊維（酸化ポリアクリルニトリル）（Oxidized Polyacryronitorile Fiber）である。当社では，図1に示すようにプリカーサーと呼ばれる特殊なポリアクリルニトリル系合成繊維（一般にはポリアクリロニトリル系合成繊維と呼ばれることが

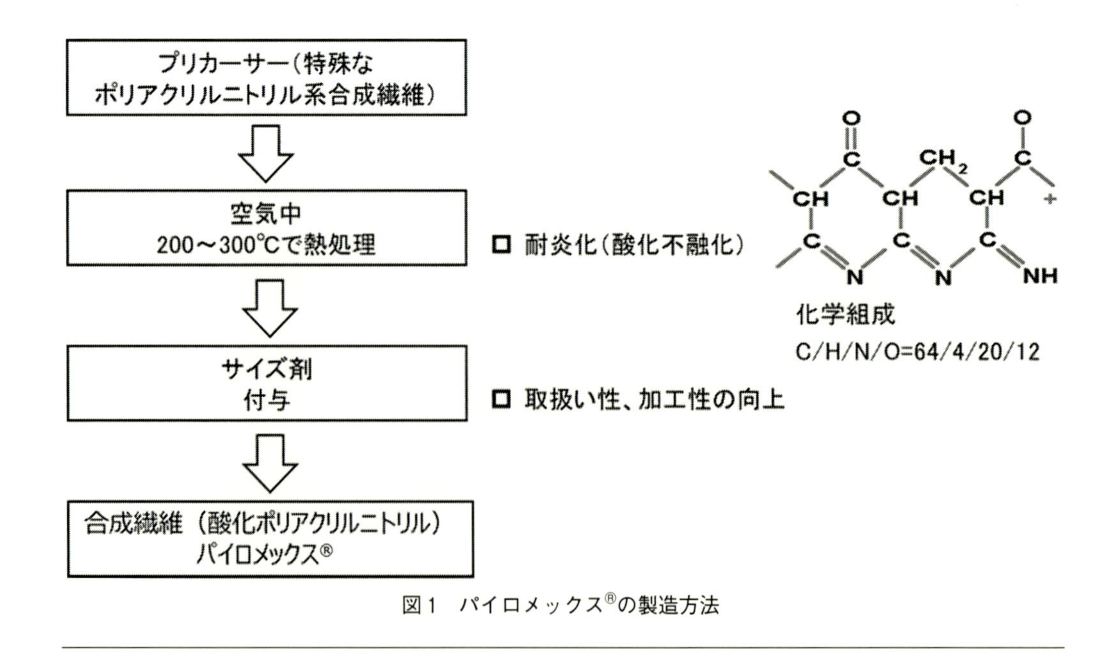

図1　パイロメックス®の製造方法

*　Yoshinori Suzuki　帝人㈱　炭素繊維事業本部　技術生産部門　技術開発部
炭素繊維技術開発課　主任研究員

多いが，本項では消費者庁の「繊維の名称を示す用語」に基づき，ポリアクリルニトリル系合成繊維と表記する）を空気中で200～300℃で加熱することでニトリル基の分子内環化反応と酸化反応により不融化した後，取扱い性や紡績，編織などの後加工性を向上させるためにサイズ剤（油剤ともいう）を付与している。パイロメックス®の製品形態としては，トウ（数十万本の繊維を束にしたもの），トウをカットしたチョップ，トウに捲縮を掛けてカットしたステープル，ステープルを紡績して糸にした紡績糸やこれを用いた織物などがある。製品形態とそれらの用途については後述する。

2.3　パイロメックスの特性

パイロメックス®には，繊維として十分な強度及び伸度を有し，加工性に優れ，アスベストやガラス繊維にはないドレープ性と感触を有し，密度が低く，水分率が高いため衣料としても使用でき，断熱性に優れ，また電気絶縁性を有するなどの特徴がある。

パイロメックス®と競合する繊維の性能を表1に示す。

また，パイロメックス®にはハロゲンの追加を行っておらず，耐炎性能を満たしながら同時に環境規制を満たすという理想を実現している。燃えにくさの指標のひとつである限界酸素指数（LOI：Limiting Oxygen Index）は35～55程度であり，表2に示すとおり他の有機系耐炎繊維より高い値を示し，良好な性能を示す。そのため，溶接火花飛散防止毛布に用いられている。図2にパイロメックス®の製品形態と主な用途を，図3にパイロメックス®の使用例を示す。

パイロメックスの耐熱性に関するデータを図4～7に示す。これらのデータから高温曝露後においても繊維性能と寸法の保持率が高いことが分かる。

表3にパイロメックスの耐薬品性を，薬品に30℃で24時間放置後の単繊維の強度の変化として示す。有機溶剤に対しては強度低下を示さず，弱酸，弱アルカリに対しても比較的良好な耐性を有する。強酸，強アルカリに対しては強度低下が起こるので，使用の際には注意が必要である。

表1　パイロメックスと他の耐熱性繊維との比較

項目		単位	パイロメックス	アスベスト（クリソタイル）	Eガラス	アラミド繊維（トワロン）	アラミド繊維（テイジンコーネックス）	ノボロイド繊維（カイノール）	ピッチ系炭素繊維（汎用グレード）
繊維直径		μm	10～15	0.02～20	10～13	12程度	12程度	10～40	10～12
引張強度	室温	cN/dtex	2～3	3～6	3～18	19～25	7～12	1.1～1.6	4～5
		g/d	2～3	3～7	3～20	22～28	8～14	1.3-1.8	5～6
引張伸度	室温	%	10～25	1～2	3～4	2.3～4.2	28～45	10～60	2～3
引張弾性率	室温	cN/dtex	90～130	610～660	260～660	380～1000	60～90	34～45	190～270
		g/d	100～150	690～750	300～750	430～1130	70～100	38～51	220～300
酸化減量	200℃	-	なし	なし	なし	なし	なし	なし	なし
	300℃	-	なし	なし	なし	なし	なし	減量あり	なし
		-	400℃以上で減量	400℃以上で減量	－	500℃以上で減量	400℃以上で溶融	－	400℃以上で減量
密度		g/cm3	1.35～1.45	2.4～2.6	2.54	1.44-1.45	1.38	1.27	1.65
水分率	室温	%	7～12	12～15	0.3以下	2～7	5.3	6以下	12以下
LOI		-	35～55	不燃	不燃	29～40	27～38	30～34	60以上

表2　各種繊維の限界酸素指数（LOI）

繊維	限界酸素指数（ LOI）	自己消火性
パイロメックス	35〜55	あり
PBI	41	あり
カイノール	30〜34	あり
ノーメックス	30	あり
テイジンコーネックス	27〜38	あり
トワロン	29〜40	あり
テクノーラ	25〜40	あり
羊毛	25	僅かにあり
テトロン	22	なし
ナイロン	22	なし
アクリル	20	なし
レーヨン	20	なし
綿	18	なし

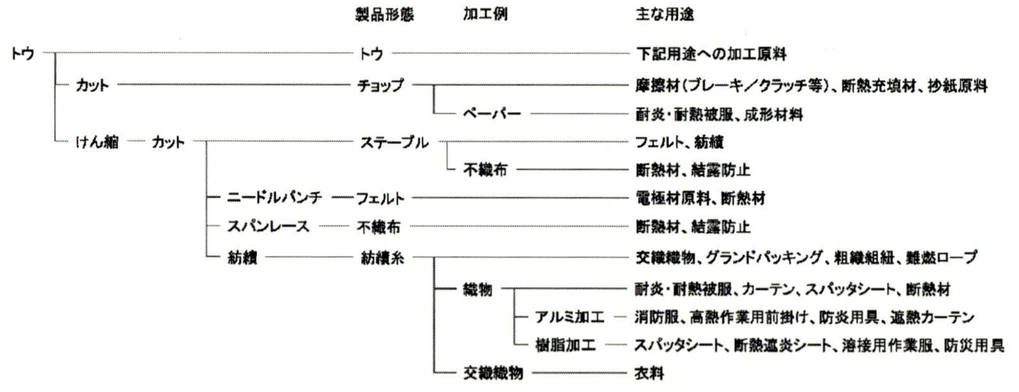

図2　パイロメックスの製品形態と主な用途

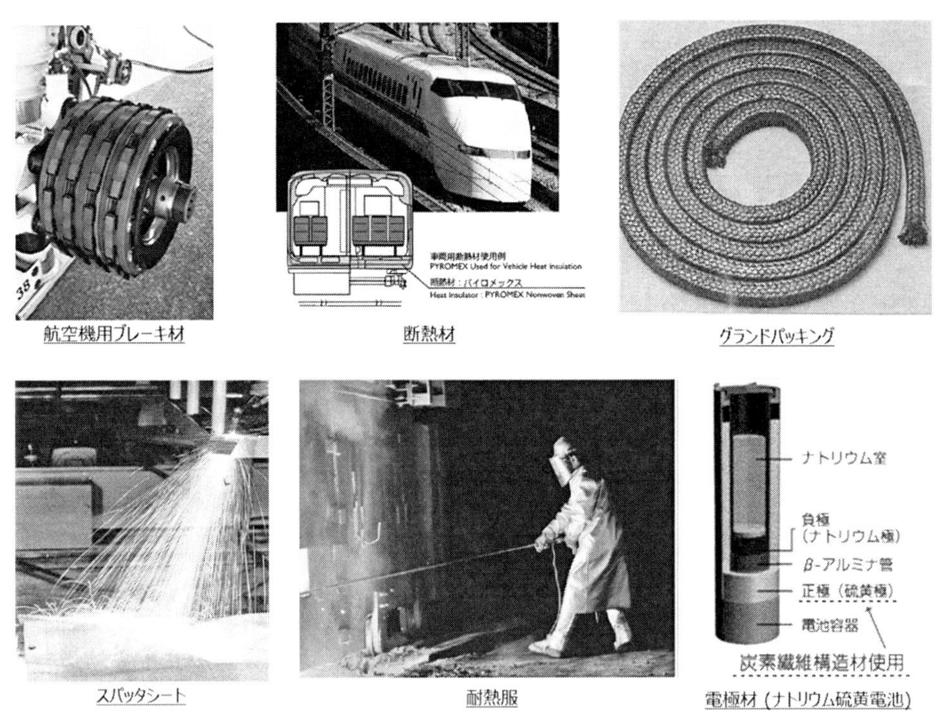

図３　パイロメックスの使用例

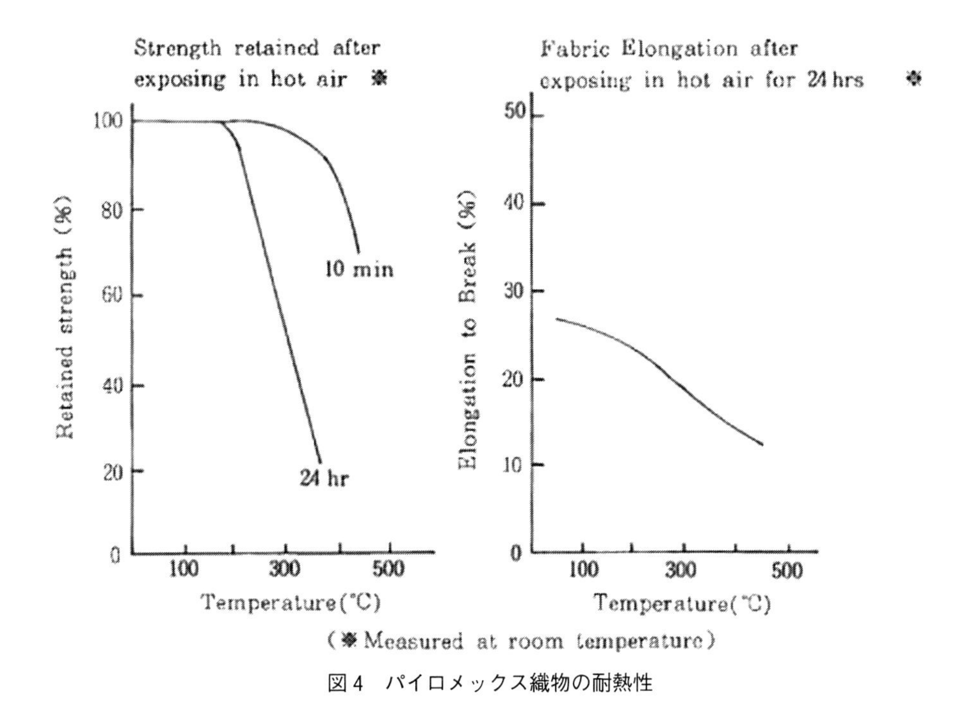

図４　パイロメックス織物の耐熱性

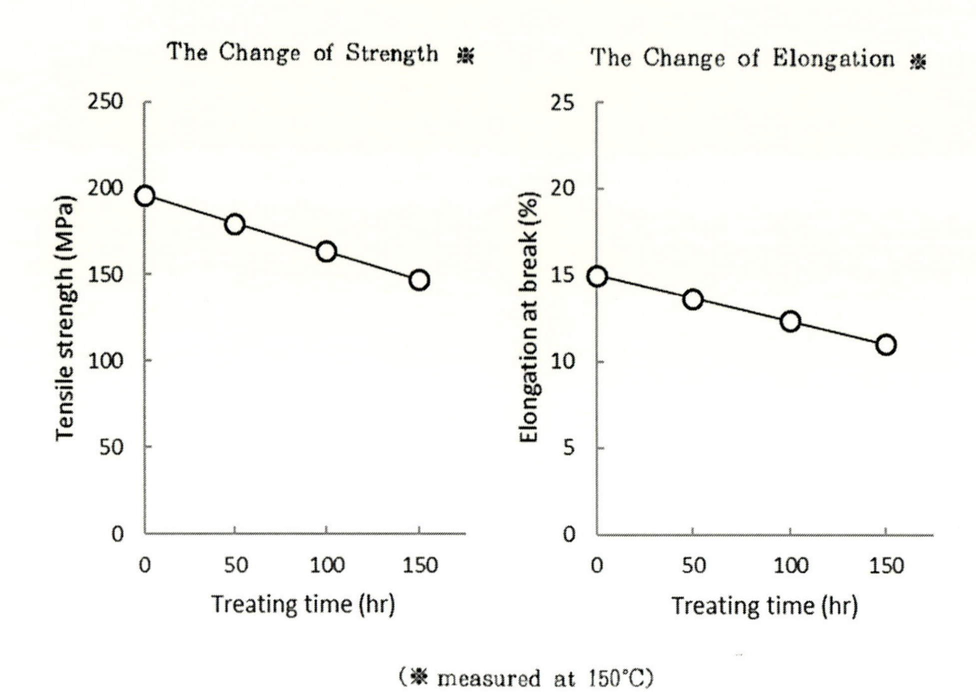

図5　高温空気（150℃）曝露後のパイロメックス単繊維の性能変化

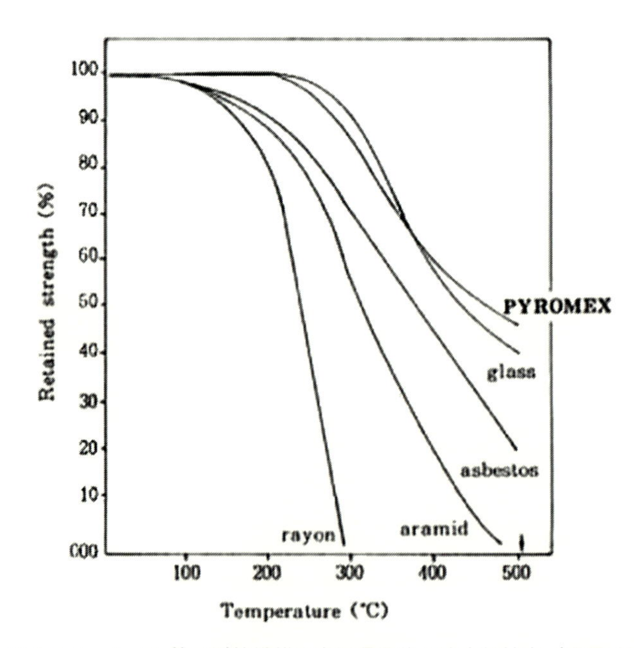

図6　パイロメックスと他の耐熱繊維の高温曝露後の強度保持率（曝露時間10分）

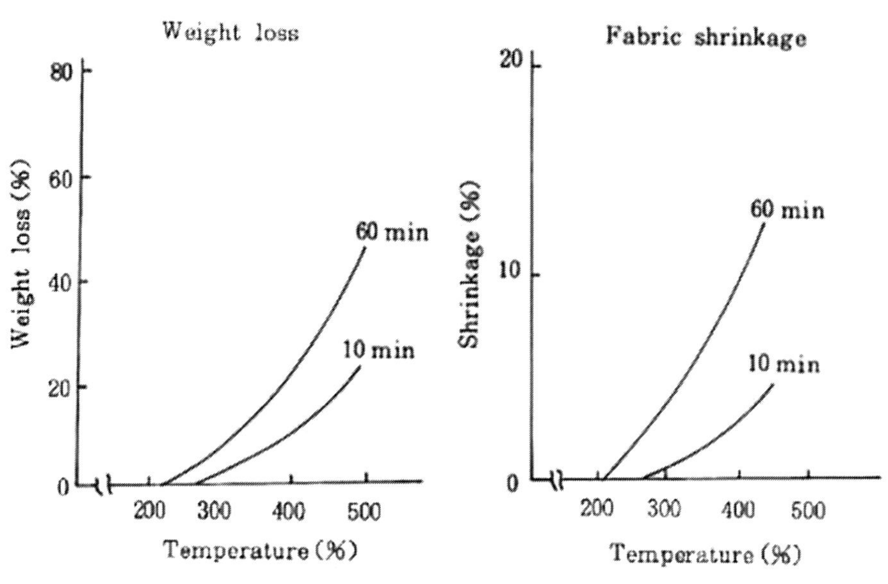

図７　高温空気曝露後のパイロメックス織物の重業減少と寸法変化

表３　パイロメックスの耐薬品性

薬品名	強度低下率(%)
40% 硫酸	40
40% りん酸	10
40% 硝酸	50
40% 酢酸	10
10% 塩酸	20
20% アンモニア水	20
10% 水酸化ナトリウム水溶液	70
ジメチルスルホアミド	低下せず
ベンゼン	低下せず
エタノール	低下せず
四塩化炭素	低下せず
アセトン	低下せず

2.4　パイロメックスの製品一覧

最後に，ここまで述べてきたパイロメックス®の製品群（2019年4月現在）を表4〜7に示す。

表4　パイロメックス　トウ，ステープルの製品一覧

項目	単位	トウ		ステープル
		CPX 2d 312K	CPX 1.6d 320K	CPX 2d
フィラメント数	本	312000	320000	−
単繊維の繊度	dtex	2.2	1.8	2.2
	d	2.0	1.6	2.0
トウの繊度（乾燥状態）	ktex	64	53	−
カット長	mm	−	−	51／75／102／132
けん縮数	個/25mm	−	−	6〜12
けん縮率	%	−	−	8〜22
乾強度	cN/dtex	1.6以上	1.6以上	1.6以上
	g/d	1.8以上	1.8以上	1.8以上
乾伸度	%	15以上	17以上	15以上
密度	g/cm3	1.41	1.38	1.41
水分率	%	7	7	16
サイズ剤	%	0.5	0.45	0.5
LOI	−	45-55	35-45	45-55
梱包単位（NET）	kg	145	145	100

※これらの数値は代表値であり，保証値ではありません。

表5　パイロメックスBM（チョップ）の製品一覧

項目	単位	チョップ	
		パイロメックスＢＭ	
		S 2D 3	S 2D 5
単繊維の繊度	dtex	2.2	2.2
	d	2	2
カット長	mm	3	5

※これらの数値は代表値であり，保証値ではありません。

表６　パイロメックス紡績糸の製品一覧

項目	単位	CPR 1/1.2Z	CPR 1/1.2S	CPY 1/5	CPY 1/11	CPY 2/11
tex番手	tex	1000/830Z	1000/830S	1000/200	1000/88	500/88
メートル番手	m/g	1/1.2Z	1/1.2S	1/5	1/11.3	2/11.3
撚り数	t/m	88	88	179	295	下撚り295 上撚り207
糸強力	N	74以上	74以上	20以上	9以上	18以上
	kg	7.5以上	7.5以上	2.0以上	0.9以上	1.8以上
糸伸度	%	6.0以上	6.0以上	8.0以上	8.0以上	8.0以上
番手変動率	%	4以下	4以下	4以下	4以下	4以下

※これらの数値は代表値であり，保証値ではありません。

表７　パイロメックス不織布，フェルトの製品一覧

項目	単位	不織布	フェルト			
		NW50-01B	#200	#300HSAX	#700HSAX	#1000
目付	g/m^2	50±6	205±20	325±50	680±90	1030±120
厚さ	mm	0.55±0.25	2.2±0.3	3.3±0.5	5.8±0.7	10±2
幅	mm	1100以上	1000(+10-0)	1000(+10-0)	1000(+10-0)	1000(+10-0)
長さ	m	600	50	50	30	10

※これらの数値は代表値であり，保証値ではありません。

文　　献

1)　平井実，SEN-I GAKKAISHI（繊維と工業），**49**(5)，173-176（1993）
2)　繊維性能は各社カタログを参照

第3章　高耐熱性・高難燃性繊維

1 「コーネックス」の特性と用途展開

長瀬諭司*

1.1 アラミド繊維の概要

1.1.1 製造の変遷（歴史）

(1) アラミド繊維の分類

アラミド繊維の歴史はDuPont社のS. L. Kwolekらが，芳香族アミドポリマーの研究を開始し，1958年に高分子量の芳香族ポリアミドの製造方法及び物質特許を出願した事にはじまる[1)]。その後DuPont社を含む各社で研究が重ねられ，その分子構造中における芳香環上のアミド結合基の位置の違いに由来した，メタ型アラミド繊維とパラ型アラミド繊維がそれぞれ開発，上市され，その特徴に応じた用途に広く利用されている。

(2) メタ型アラミド繊維

メタ型アラミド繊維はその屈曲した分子構造から有機溶媒に溶解する性質を持ち，重合および繊維化プロセス（紡糸工程）に有機溶媒を用いることができる。繊維化の歴史も早く，1964年にDuPont社がNomex®として商業生産と販売を開始した。その後，帝人が同じ化学構造を有するメタ型アラミド繊維を，DuPont社とは異なる製造プロセスを用いて製造し，Teijinconex®として1971年から販売を開始した。

1.2 製造技術

1.2.1 メタ型アラミドの重合と製糸

メタ型アラミド（ポリ-m-フェニレンイソフタルアミド，PMIA）は，一般的にメタフェニレンジアミン（MPDA）とイソフタル酸クロライド（IPC）を原料としてつくられる。DuPontのNomex®では重合原料をアミド系溶媒中で重合し，発生する塩化水素を中和して得たポリマーをそのまま乾式紡糸している。一方で，帝人のTeijinconex®は独自の界面重合によって得たポリマーをアミド系溶媒に溶かし湿式紡糸を行っている。両繊維とも紡糸後，水洗，延伸と熱処理工程を経て製品化される。代表的なPMIAの湿式紡糸のイメージを図1に示す[2,3)]。

一般に，乾式紡糸は湿式紡糸に比べ紡糸速度を大きくすることができ生産性を高められ，長繊維の生産には有利であるが，溶媒の乾燥プロセスが必要になるので生産装置が大型しやすい傾向にある。一方で短繊維の生産においては，単糸本数が数万本以上の超マルチヤーンを必要とする

---

* Satoshi Nagase　帝人㈱　アラミド事業本部　ソリューション開発部
インフラソリューション開発課

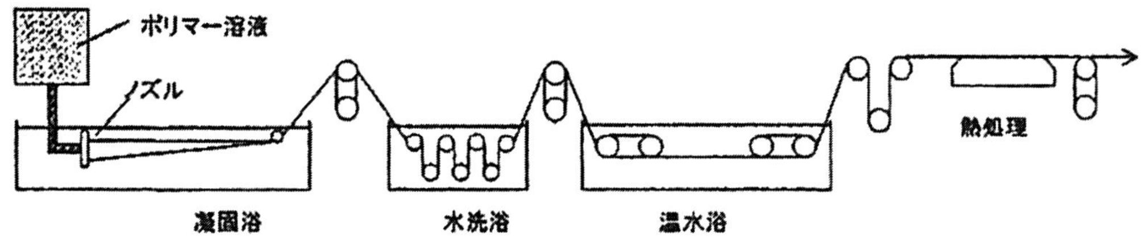

図１　メタ型アラミド繊維の湿式紡糸（イメージ）

ので，紡糸速度は遅くなるものの装置を大型化せずに一度にトウ取り可能な湿式紡糸の方が有利であるとされている。

溶液重合法で得たポリマー溶液中には中和反応で副生成する金属塩が残留している。これをそのまま湿式紡糸すると，ポリマー溶液中の金属塩によりポリマー側への水の浸透が起ってポリマーは急激に膨潤してしまう。過剰な膨潤は繊維化後に粗大な空孔として残ってしまい，後工程で単糸が切れるなど生産性上好ましくない問題を引き起こす。その為，湿式紡糸用にメタ型アラミドポリマーを単離する際には，水洗により脱塩し，無塩ポリマーを得ている。

他方，乾式紡糸では凝固液がポリマー中に浸透するという問題は起こらないので，重合工程での脱塩は不要であり有塩のまま紡糸されている。その為，乾式紡糸によって生産されたメタ型アラミド繊維は，一般的に湿式紡糸のそれよりも金属塩の含有量が多い。

1.2.2　プロセス

メタ型アラミド繊維の代表的な製造工程フローを図２に示す[4]。メタ型アラミドは原料となるMPDとIPCを有機溶媒中で溶液重合を行った後に直接乾式紡糸をする（DuPontのNomex®が相当）か，いったんポリマーを単離，水洗してから，紡糸溶媒に溶解させ湿式紡糸する（帝人のTeijinconex®が相当）かして生産される。凝固糸はその後，水洗，延伸，水洗，乾燥と延伸を経て最終的な繊維となる。

1.3　メタ型アラミド繊維の物性と用途展開

メタアラミド繊維と他の合成繊維との物性比較を図３に示す。メタ型アラミド繊維PMIAは

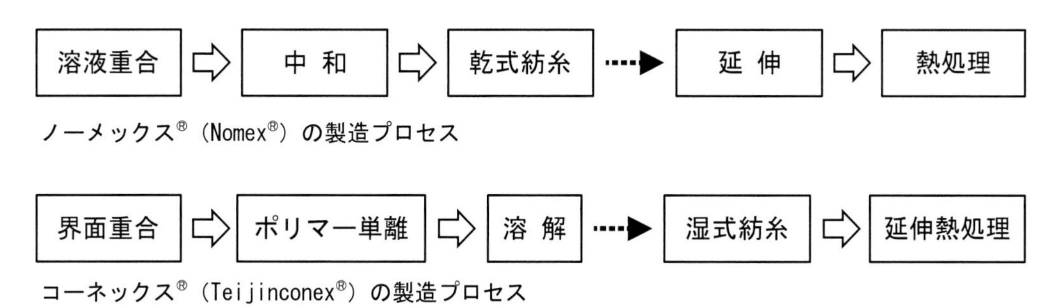

図２　メタ型アラミド繊維（PMIA）の工程フロー

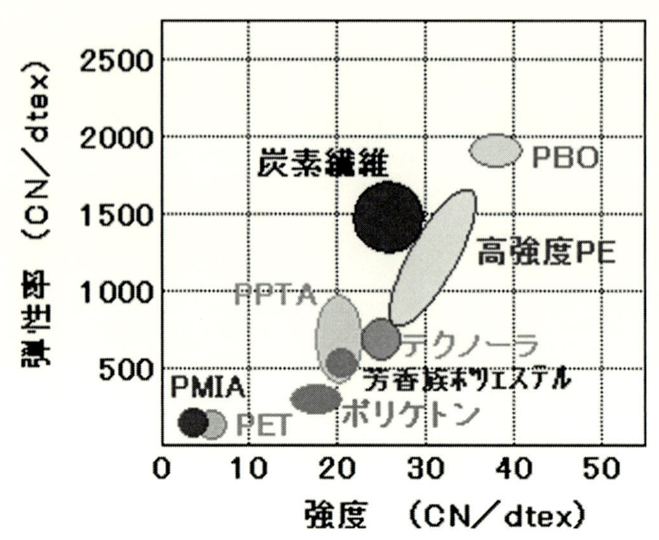

図3　各種スーパー繊維の物性

汎用繊維とほぼ同様の機械物性であるが，優れた耐熱性と難燃性を有している点で差別化される。メタ型アラミドは明確な融点を持たないので，バグフィルターなどの産業用耐熱性材料，また消防防火服や耐熱手袋に代表される防炎衣服等に広く使用されている。

1.4　今後の展望／最新の技術動向

メタ型アラミド繊維の特徴と，それぞれの主要な製造技術について紹介してきた。過去，高耐熱性を特徴とするメタ型アラミド繊維として開発され，産業用途を中心に広く提供されてきた。現在ではいろいろな種類のスーパー繊維が開発されて上市されているが，アラミド繊維はコストと性能のバランスに優れており，未だ，多くの分野で利用され続けている。

その一方で，文明社会の高度化により一層，高性能・高機能で，かつ地球環境にも配慮した新しい技術とこれを補う繊維が求められている。製品の長寿命化，高耐久化にアラミド繊維の貢献が期待されており，優れた繊維を提供し続ける必要がある。

前述の通り，メタ型アラミド繊維は，防火衣服などの用途に利用されており，これに利用される生地には特徴的な色合いが求められている。通常，メタ型アラミド繊維は分子構造に由来する優れた熱安定性を持つ一方で，繊維中に染料を含浸させ定着させるのは難しく，濃色に染まりにくいという特徴がある。

それに対し，帝人は染色可能なメタ型アラミド繊維を開発し，2015年から商業生産を開始しTeijinconex® neoとして販売している。これは繊維構造を特徴的な構造にすることで染料の吸塵を可能にしながら，今までと同等の耐熱性，耐炎火性を保っていることを特徴としている。

文　　献

1)　S. L. Kwolek *et al.*, US Patent, 3, 063, 966 (1962)
2)　香西恵冶，甲斐理，田部豊，藤江廣，松田吉郎，繊維学会誌，**48**(2)，66 (1992)
3)　中山修，繊維機械学会誌，**56**(3)，111 (2003)
4)　野間隆，繊維学会誌，**56**(8)，241 (2000)

2　KURAKISSS™の特性と用途展開

角振将平[*1]，勝谷郷史[*2]，遠藤了慶[*3]

2.1　KURAKISSS™の特性

KURAKISSS™とは，クラレの独自溶融紡糸技術によって工業化に成功した，ポリエーテルイミド（PEI）樹脂を原料にした繊維である。原料として用いるPEI樹脂は，図1で示される分子構造を持つ非晶性の熱可塑性スーパーエンジニアリングプラスチックであり，優れた難燃性と低発煙性に加えて，耐熱性，耐薬品性，誘電特性などの特長も兼備しており，航空機部材などの非常に高度なFST（Fire，Smoke，Toxicity）特性が要求される分野のほか，自動車，電気電子，食品関係，医療関係など幅広い分野において広く認知されている。

KURAKISSS™は，樹脂由来の優れた難燃性，低発煙性および耐熱性を特徴とした繊維であり，その基礎物性と難燃性および耐熱性の評価結果は表1のとおりである。製品としては，フィラメント，ステープル，ショートカットを取り揃えており（図2），これらを用いて容易に紙や不織布といった形態に加工することができる。一例として，表2にはKURAKISSS™からなる不織布の性能を示すが，良好なFST特性を有することから，特に航空機関連部材を中心に顧客評価が進んでいる。

我々は，KURAKISSS™を従来の繊維製品として展開するだけでなく，世界的な環境問題を背景に金属代替材料として注目を集めている熱可塑性複合材料の原料として活用する技術開発を

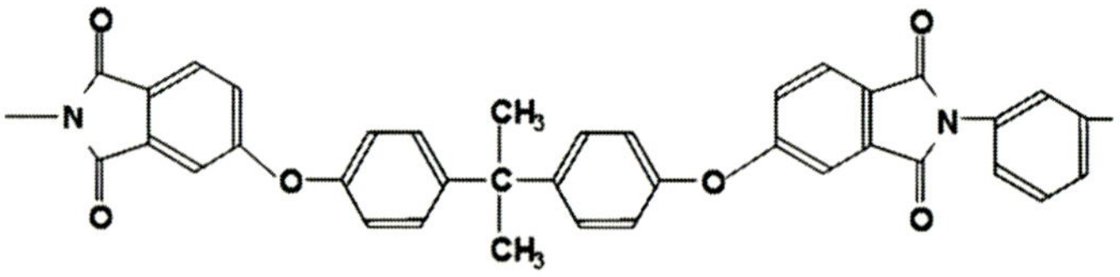

図1　ポリエーテルイミドの分子構造

表1　KURAKISSS™の基礎物性

	単糸繊度 (dtex)	単糸強度 (cN/dtex)	単糸伸度 (%)	乾熱収縮率（180℃） (%)	ガラス転移温度 (℃)	LOI (%)
KURAKISSS™	1.7～	2.6	70	＜3	215	31

＊1　Shohei Tsunofuri　㈱クラレ　繊維カンパニー　生産技術統括本部　マーケティングチーム　研究員
＊2　Satoshi Katsuya　㈱クラレ　繊維カンパニー　生産技術統括本部　産資開発部　研究員
＊3　Ryokei Endo　㈱クラレ　繊維カンパニー　生産技術統括本部　マーケティングチーム　チームリーダー

(1) 
(2) 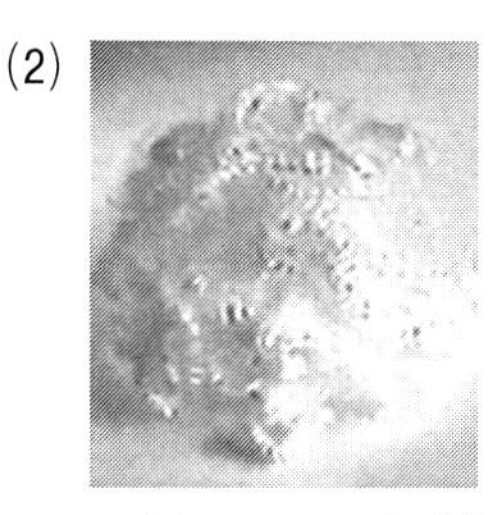
(3) 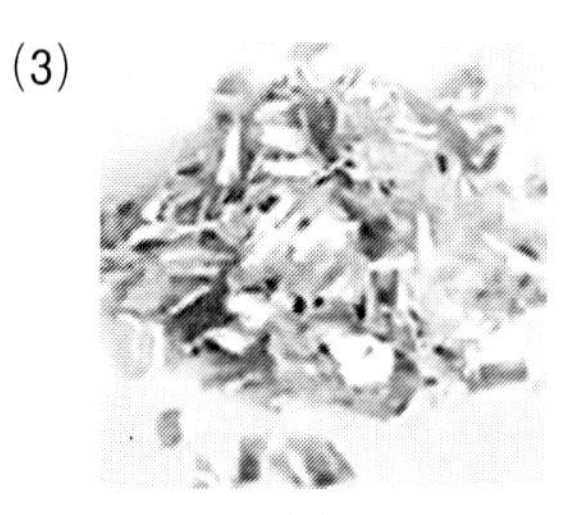

図2　KURAKISSS^{TM}のフィラメント(1)，ステープル(2)，ショートカット(3)外観

表2　KURAKISSS^{TM}不織布の燃焼試験結果

評価項目		測定方法	評価結果
不織布仕様	目付け	JIS L 1913	900±100 g/m^2
	厚さ		4.0±1.0 mm
燃焼試験	燃焼性	UL 94	V-0
	燃焼時間	FAR 25.853(a)	< 15 sec
	燃焼長さ		< 20 cm
	発煙濃度	ASTM E 662	< 50
	発生有毒ガス量	ABD-0031	HF，HCl；不検出 HCN, SO_X, NO_X < 20 ppm CO < 100 ppm

行っており，次項から，その取り組み内容について紹介する。

2.2　熱可塑性複合材料への展開

世界的な環境・資源・エネルギー問題が顕在化する中で，各産業界においてはこの問題を解決するための様々な取り組みが行われている。特に，欧米における航空機・自動車などの輸送機器の業界では，温室効果ガスの一つである二酸化炭素（CO_2）排出量の削減が急務となっており，これに資する一つの方策として，軽量化（技術）に対する期待は大きく，従来の金属材料から，より軽量な樹脂系の複合材料への代替を狙った研究開発が活発化している。

金属材料に代わる樹脂系の複合材料としては，炭素繊維とエポキシ樹脂からなる，いわゆる熱硬化性の炭素繊維複合材料（CFRP）がよく知られており，強度や剛性，耐薬品性，性能の再現性に優れていることから，主に航空機の構造部材として採用が進んでいる[1)]。また，自動車分野においても，熱成形時間の短い熱硬化樹脂開発や異種材料との接合技術開発の促進により，ドアパネルやルーフといった比較的大きな部材への採用も進みつつある。このように，走行時に発生するCO_2削減のために金属よりも軽量なCFRPの採用が増加する一方で，①CFRP成形時に多くの端材が出てしまうこと，②成形後のリサイクル・リペアが難しいこと，さらには，③炭素繊維製造時に多量のCO_2を排出することが，本質に関わる課題として残存したままであり，更なる技術革新が必要とされている[2)]。

近年では，生産性向上，リサイクル性，リペア性などの観点から，熱可塑性樹脂をマトリックスとした複合材料に注目が集まっている[3]。しかし，従来から広く普及している射出成形品では，熱可塑性樹脂と強化繊維をコンパウンドする際に，強化繊維の繊維長や充填量に限界があることから，引張や曲げ特性などの機械物性が制限されていた。そこで，炭素繊維などの強化繊維本来の機械物性を引き出すために，強化繊維の織物や一方向引き揃え糸に熱可塑性樹脂をまぶして熱成形するドライパウダー法や，熱可塑性樹脂の溶液にディップして乾燥後に成形する溶液含浸法などが提案されており，航空機や自動車の部材として採用検討が進みつつある。

2.3 繊維技術をベースにした熱可塑性複合材料の製造方法と特徴

我々は，古くから知られる繊維の加工技術の一つである「抄紙」に着目し，KURAKISSS™を始めとしたクラレ独自の熱可塑性繊維と強化繊維を原料とする熱可塑性複合材料の研究開発を行っている。その成形プロセスの概略を図3に示す。

この製法を用いることで，①複合材料中に占める強化繊維の比率を60 wt%程度まで高められる，②カットされた強化繊維の長さを25 mm程度まで長くできるため，汎用的に使用されている射出成形品に比べ，より高い機械物性を示す複合材料を得ることが可能である（図4）。また，中間基材となるKURAKISSS™／強化繊維混抄紙は複雑な金型への追従性にも優れるばかりでなく，厚み設計も容易であることから，賦形性に優れることに加え射出成形では困難な大型／薄膜成形も可能である（図5）。さらには，本成形プロセスでは，廃材や端材から出てくる短い繊維長のリサイクル炭素繊維も強化繊維として活用可能であるため，環境負荷の少ない複合材料製造方法として期待されている。

このKURAKISSS™／強化繊維混抄紙から作製した複合材料は，優れた力学物性のみならず，樹脂由来の難燃性，耐熱性を併せ持つことも確認できている（表3）。更に，この複合材料の燃焼時の発煙濃度の測定結果を図6，表4に示す。従来から航空機用途にて多く用いられるエポキシ／ガラス繊維複合材料と比較すると，燃焼時の発煙が極めて低いことが分かる。なお，この複合材料については，航空機の認定試験のみならず，鉄道分野におけるドイツのDIN規格やイギリスのBS規格にもパスすることを確認している。

最後に，本節で紹介してきた混抄紙複合材料の更なる機能化に向けて取り組んでいる研究開発について紹介する。

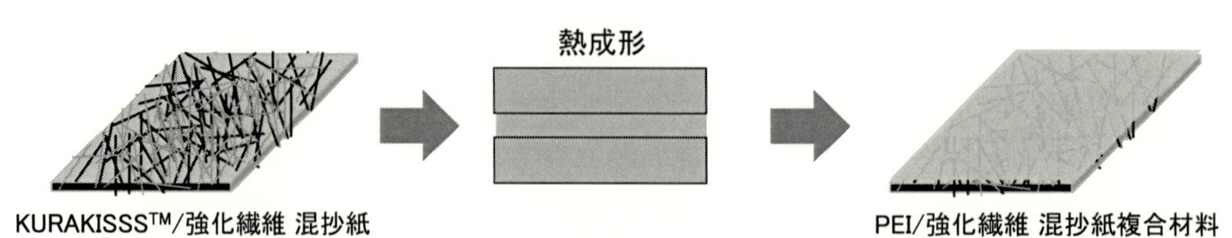

図3 KURAKISSS™／強化繊維混抄紙の成形プロセス概略図

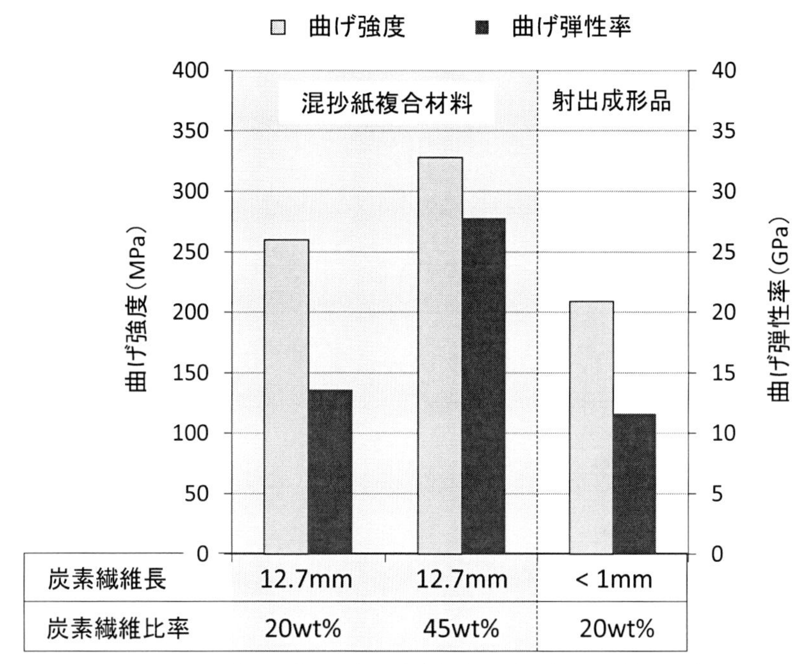

図４　PEI ／炭素繊維の混抄紙複合材料と射出成形品の機械物性
（サンプル厚み：2 mm）

図５　KURAKISSS™ ／炭素繊維混抄紙から作製した複合材料の外観

表３　KURAKISSS™ ／強化繊維混抄紙から作製した複合材料の特性値

強化繊維種	密度 (g/cm^3)	引張強度 (MPa)	曲げ強度 (MPa)	曲げ弾性率 (GPa)	荷重たわみ温度 (℃)	LOI (%)	燃焼性※
炭素繊維	1.45	268	360	24	209	45	V-0
ガラス繊維	1.64	159	259	12	206	45	V-0

※ UL 94 に準じて測定，評価した。

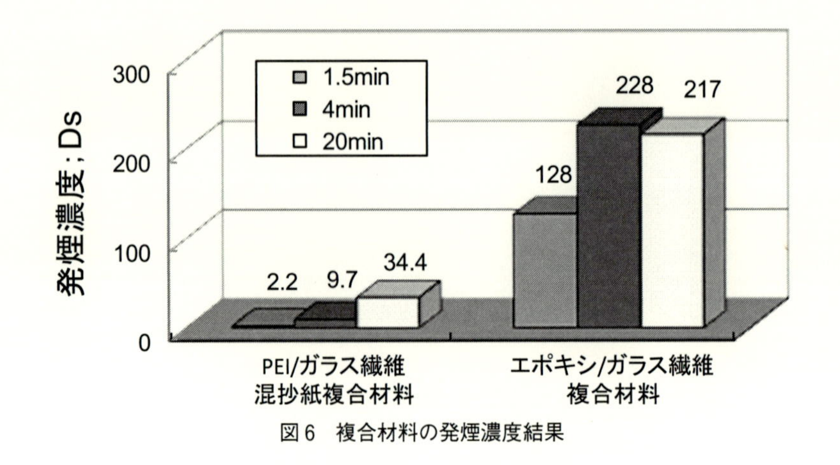

図6　複合材料の発煙濃度結果

表4　複合材料の発煙成分量結果

	ガス種類（ppm）					
	HF	HCl	HCN	SO_X	CO	NO_X
PEI／ガラス繊維混抄紙複合材料	N. D.	N. D.	2	＜20	80	＜2
エポキシ／ガラス繊維複合材料	N. D.	N. D.	5	＜20	180	＜20

2.4　スプリングバック混抄紙複合材料の特徴

熱可塑性樹脂は，その名称からも読み取れるように加熱することで軟化するために，繊維や成形体のように加工可能である一方で，樹脂の軟化温度以上での環境下では寸法安定性が悪いことが課題と言われている。これは，前節で紹介したKURAKISSS™／強化繊維混抄紙を熱プレス成形して作製した複合材料にも当てはまることである。しかしながら，この混抄紙複合材料は，軟化温度以上の熱を加えた場合，一般的な成形品とは異なり，混抄紙複合材料の厚み方向へ異方的に膨張する，スプリングバック挙動を示す。また，興味深いことに，我々は，スプリングバック後の混抄紙複合材料には，連続した孔が形成されていることを確認している（図7）。この特異的な挙動が起きる理由は，熱プレス成形することで熱可塑性樹脂であるPEIによって屈曲状態で固定された剛直な強化繊維が，加熱によるPEIの軟化に伴い，強化繊維の復元しようとする応力が開放されたためである。

このスプリングバック挙動によって得られる複合材料の機能の一つとして，耐火性がある。図8(a)に示すように，耐火性試験として，複合材料の表面にガスバーナーの火を直接当て，複合材料の裏面にセットした熱電対による伝熱性評価を実施した。まずは，PEI／炭素繊維の射出成形品で試験をした結果，火を当てて1分も経たないうちに，PEIの熱収縮・溶融により射出成形品の形態が変形し，温度が急激に上昇することを確認した。その一方で，KURAKISSS™／炭素繊維混抄紙を熱プレス成形して作製した複合材料では，時間経過による温度上昇は緩やかであった。この結果は，マトリックス樹脂として難燃性であるPEIを使用していることに加え，加熱

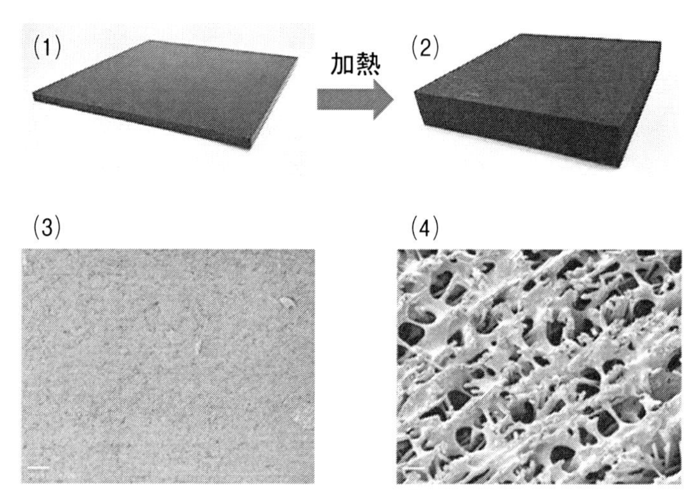

図7　加熱前後におけるPEI／炭素繊維混抄紙複合材料の外観(1)，(2)，および端面のSEM像(3)，(4)

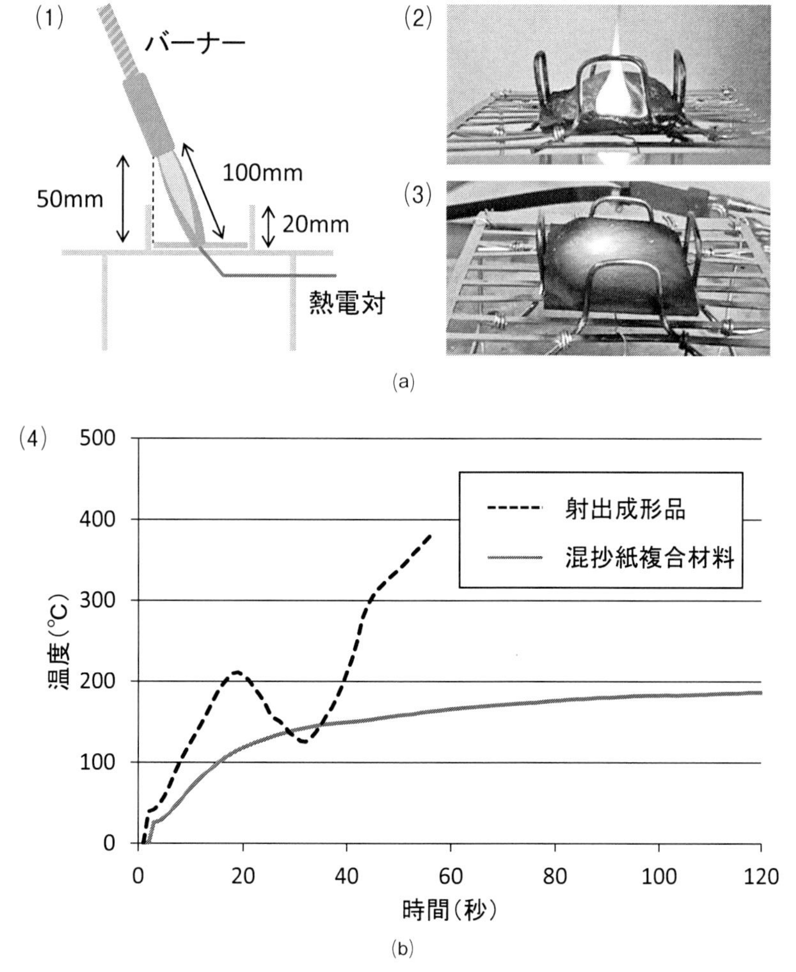

図8　耐火性試験概要図(1)，耐火性試験時の射出成形品(2)と混抄紙成形品(3)の外観，および，耐火性試験における伝熱性評価結果(4)

された複合材料がスプリングバックし，熱源と熱電対との間に空気層を取り入れることができたためである。

このスプリングバックによる複合材料の機能化は，耐火性以外にも，連通孔由来の吸音性やフィルター性能などにも期待ができると考えており，これらの特徴を活かして，航空機のみならず，自動車や鉄道，電気電子分野への展開を狙っていく。

(なお，本稿で示した数値データに関しては，自社評価によるものであり，品質を保証するものではありません)

2.5　おわりに

本稿では，高い難燃性，低発煙性，耐熱性を特徴とした繊維であるKURAKISSS™についてと，KURAKISSS™と強化繊維から作製した複合材料の特徴と用途展開について紹介した。特に，後者の複合材料は，一般的な射出成形とは異なる特徴を有しており，また，様々な応用が可能であることから，更なる用途展開に繋がるものと期待している。今後，このような古くから伝わる繊維技術の活用が，新たな市場・技術展開の切り口として再考されることを期待したい。

文　　献

1)　栗原貞夫，石丸禎男，プラスチック系先端複合材料 －素材から応用まで－，社団法人プラスチック協会，東京，pp. 70-78 (1989)
2)　保谷敬夫，自動車技術，**63**，82-87 (2009)
3)　高橋淳ほか，"平成19年度熱可塑性樹脂複合材料の機械工業分野への適用に関する調査報告書"，素形材センター
(http://www.sokeizai.or.jp/japanese/rimcof/images/nikkiren-19.pdf)

3　繊維の難燃化

大越雅之*

3.1　はじめに

『竹取物語』では，かぐや姫が阿倍御主人（あべ の みうし）に出した難題が「火鼠の皮衣（ひねずみのかはごろも）」であった。かぐや姫に結婚する気がないため，燃えない衣を所望した。現在ならば，「はい！お持ちしました。」と難燃化した防災カーテンや毛布を提出し，かぐや姫を困らせることができる。病院等に使用されているカーテンや防災毛布は，ライターで火をつけても燃えない素材でできている。その技術は，燃えやすい素材を燃えにくくする「難燃化」という。しかしながら，ここでかぐや姫が「燃焼の環境性」に気づけば，結婚を拒否することができる。それは，燃焼条件のことであり，炎を大きくすることで難燃材料も燃焼することができる。極端な話だが，世の中に燃焼しないものは存在しない。宇宙から飛来する塵が流れ星となり燃え尽きるように，鉄もアルミニウムも条件により燃焼する。「不燃物」も「難燃物」も限定環境条件下での「不燃物」，及び「難燃物」であり，その限定環境条件が製品使用条件，すなわち，燃焼試験条件となる。その燃焼挙動解明のため，時代の天才達によって燃焼現象解明が進められた。ギルバート，ボイル，フック，ラヴォアジエ，デービィ，ファラデー等枚挙に暇がない。その知見を利用した難燃/不燃化もゲイリュサック，パーキン等時代の偉人たちによって成し遂げられ，その後，生活の質の向上とともにもらい火・発火防止の予防措置として難燃機能は発展した。難燃化の技術目的は，延焼の遅延であり，火災から避難する時間を稼ぐことにある。それにより，火災から「人命」と「財産」を守ることが目的となる。

3.1.1　人命保護

日本における死亡事故の第二位は火災事故であり，昨年度1,456人が火災によって死亡している。その内の51%が逃げ遅れであり，その大半がお年寄りと幼児である。つまり，犠牲者は社会的弱者に偏っている（図1）[1]。

3.1.2　財産保護

出火件数約47,500件，損害額約893億円となる。その内の最大火災原因損失額が排気管で，約113億円である（図2）[2]。以下，原因は電話電灯配線，ストーブ，タバコと続く。

3.1.3　難燃化の効能

家財や装置等燃え難くすることにより，着火してしまった「財」そのものの延焼を遅延させるともに，他財への「もらい火」を防止することで，避難時間を稼ぐ効能がある。例えば，プラスチックに熱が加わると，溶融することで延焼面積を拡大し，火災が広がる。その対策として，プラスチックを難燃化し，延焼面積の拡大を低減させることで，火災の抑制が可能となる。

＊　Masayuki Okoshi　山口大学　大学研究推進機構　客員教授

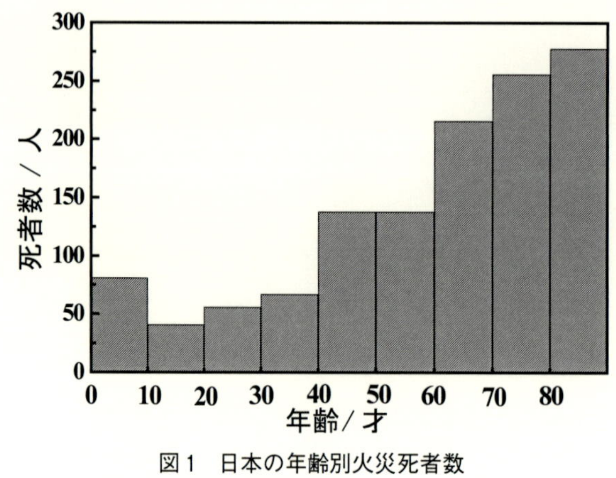

図1　日本の年齢別火災死者数
（自殺者を除く）

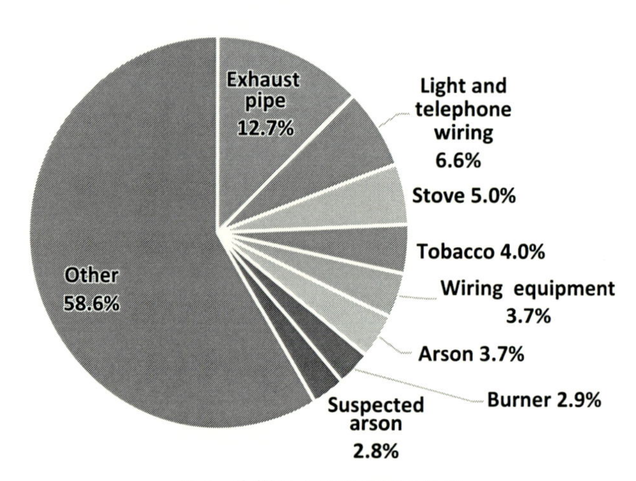

図2　火災による損失額の分類

3.2　難燃メカニズム

可燃物の燃焼メカニズムを図3に示す。その機構とは，燃焼場から生じた輻射熱等の物理現象と熱分解等の化学反応の連鎖から構成される。ポリマーに接近した炎は周囲の酸素を消費し，同時にポリマー表面に輻射熱を伝える。そして，ポリマー表面から内部へと伝熱し，ポリマーを分解する。次に，ポリマー分解物がポリマー中から気相中に拡散し，ポリマーに接近した炎へ燃料供給し，燃焼場が形成される。この連鎖反応の継続により，燃焼は維持される。逆に燃焼の維持を防止するには，その連鎖反応を断ち切れば可能になる。この概念をポリマーの難燃化という。この難燃化には，3つの代表的難燃機構（ラジカルトラップによる難燃化，チャー形成による難燃化，吸熱・希釈による難燃化），があり，それぞれ連鎖反応の断ち切り方が異なる。現在最も難燃効果の高い「臭素系難燃剤とアンチモンの併用」は，ラジカルトラップと吸熱・希釈による難燃化の二つの機構を併せ持つ。

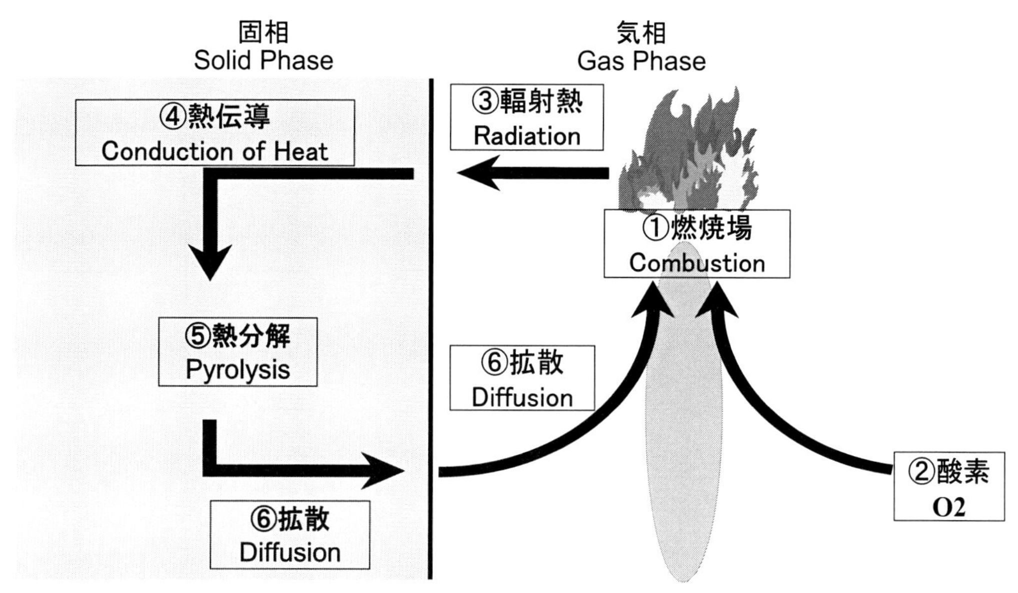

図3　ポリマーの燃焼モデル

表1　難燃機構と難燃剤種類の分類

	ハロゲン			ノンハロゲン	
	ハロゲン＋アンチモン	ハロゲンのみ	リン系	水和金属化合物	その他（例　シリコーン）
気相（吸熱or不活性物質放出）	○	×	×	○	×
固相（チャー形成）	×	×	○	×	○
ラジカルトラップ	○	○	△	×	×
効果（例PP25Phr添加時）	V-0	V-2	V-2	HB	HB
	*○：効果あり	△：少々効果あり	×：効果なし		

※ PP に 25 phr の難燃剤を添加した時の難燃性

次に，それらの難燃機構が難燃剤の種類別に示す。例として，ポリプロピレン（PP）にそれぞれの難燃剤を 25 質量部（phr）添加した際の難燃効果寄与を○△×で表1に示す。これより，高難燃効果のものは，二つ以上の難燃機構を持つことが分かる。

3.3　規制の現状

1990 年代の半ば以降，RoHs や WEEE に代表される EU 指令や，環境ラベルの認証機関であるブルーエンジェルマークやノルディックスワン等が，難燃樹脂材料に関して，使用禁止や使用制限を設定した。しかし，近年，特定臭素系難燃剤以外のハロゲン系難燃剤について材料安全性の確認データが蓄積されつつある。その難燃効果の高さや材料リサイクル時の物性維持性の良さ等から，プラスの環境性能面を再評価する機運もある。例えば，EU エコラベル規準は，臭素系難燃剤の利用自体を排除していない。PC（パーソナルコンピューター）と携帯用コンピュータに関して「EU エコフラワー」規準では主要難燃剤の TBBPA（テトラブロモビスフェノール A）

を含む大部分の臭素系難燃剤が利用できるようになった。すなわち，EU 市場では TBBPA を含む PC に EU エコフラワーを付けて発売できるようになった[3]。しかしながら，このような動きもある反面，特定臭素系難燃剤（PBB；ポリ臭化ビフェニル，PBDE；ポリ臭化ジフェニルエーテル）の法規制やラベル規制が欧州だけでなく世界的に広がった事，バーゼル条約による各国のハロゲン系難燃剤に関する取り扱い基準が国際的に統一されていない事，臭素系難燃剤は特化物に指定された酸化アンチモン[4]と併用される理由から，臭素系難燃剤の動向は混沌としている。リン系難燃剤の使用については，現時点で法的な規制やラベル規制が整いつつあり，リン系難燃剤の安全性の確認が日本難燃剤協会や GHS 等において積極的に進められ情報公開されている。しかしながら，Reach 等の規制強化の動向がみうけられ[5]，使用状況に十分な注意を要する。

3.4　難燃剤種類

難燃剤一覧を表 2，及び表 3 に示す。大別すると 3 種類となる。

表 2　臭素系，及びリン系難燃剤一覧

臭素系	PBDE系	PBDE
	TBBA系	TBBA，TBBAエポキシ，TBBA-PC，TBBA-DBP
	多ベンゼン系	ビス（ペンタブロモフェニール）エタン，1，2ビス（2.4.6トリブロモフェノキシ）エタン，2.4.6トリス(2，4，6トリブロモフェノキシ)1.3.5トリアジン2，6or2.4ジブロモフェノール、ホモポリマー
	臭素化PS系	臭素化PS，ポリ臭素化PS
	フタール酸系	エチレンビステトラブロモフタールイミド
	環状脂肪族系	HBCD
	その他臭素系	HBB，ペンタブロモベンジールアクリレート
	塩素系	塩パラ，デクロラン，クロレンド酸，無水クロレンド酸
	現用難燃系(相乗効果)	三酸化Sb＋臭素系，塩素系難燃剤，硼酸亜鉛，硫化亜鉛，錫酸亜鉛，酸化Mo
リン系	芳香属リン酸エステル	TPP，CDP，TCP，　TXP，トリス（t-ブチール化フェニール）フォスフェート，トリス（i-プロピール化フ　ェニール）フォスフェート，2-エチールヘキ　シールジフェニールフォスフェート
	芳香属縮合型リン酸エステル	BDP，RDP、1，3フェニレン，ビス（ジフェニールフォスフェート）
	含ハロゲンリン酸エステル	トリス(ジクロロプロピール）フォスフェート，トリスクロ（β-クロロプロピール)，トリスクロロエチールフォスフェート，2.2‘ビス(ジクロロメチール)トリメチレン，ビス(2-クロロエチール)フォスフェート
	Intumescent系	リン酸アンモニウム（APP）
	赤燐	各種コートタイプ、
	その他	リン酸エステルアミド等

表 3　無機系，その他難燃剤一覧

無機系	水和金属化合物系	水酸化アルミニウム、水酸化マグネシウム
	無機酸化物その他助剤系	アンチモン化合物，硼酸亜鉛，錫酸亜鉛，Mo化合物，ZrO，硫化亜鉛，ゼオライト，酸化チタン
	ナノフィラー系	MMT，ナノ水和金属化合物，シリカ，カーボンナノチューブ
	低有害性ガス，低発煙性ガス化用	微粒子炭酸Ca，炭酸金属塩，水和金属化合物、銅酸化物，酸化鉄，フェロセン，有機金属化合物
その他	シリコーン化合物	
	ヒンダートアミン化合物	
	窒素化合物	メラミンシアニュレート，トリアジン化合物　グアニジン化合物
	有機金属化合物	エチレンジアミン4酢酸銅，パーフルオロブタンスルフォン酸カルシウム
	黒鉛	膨張性黒鉛

① ハロゲン系；臭素系を中心とした臭素化芳香族化合物が主となる。酸化アンチモンと併用される。繊維の場合は，酸化アンチモンと併用しない場合も多い。

② リン系；リン酸エステルを中心とした縮合系が多い。繊維の場合は，ポリリン酸アンモニウム及びその誘導体も使用されている。

③ 無機系；金属水酸化物（水酸化アルミニウム，水酸化マグネシウム）が中心となるが，難燃効率が低いため，繊維では用いられない。

3.5　繊維の難燃化

樹脂は，形状による燃焼の違いが生じる。木材が燃えにくく，鉋屑が燃えやすいのとおなじ理由である。例えば，PMMA（ポリメタメチルアクリレート）フィルムの拡散燃焼速度と厚みの関係を図４に示す。厚みが薄くなるほど燃えやすく，厚くなれば燃えにくいことが分かる。その理由は，薄くなるほど伝熱が早く，樹脂が早く分解し可燃ガスが発生することと酸素との接触面積が増えることが原因となる。

3.5.1　難燃化製品

難燃化繊維製品一覧を表４に示す。車両に搭載される繊維製品は，難燃化されている。自動車は，直ちに降車できるため，比較的弱い難燃性である。しかし，旅客用のバス，電車，飛行機は厳しい難燃性が要求されている。また，高層ビル，病院等で使用されるカーテン，毛布，カーペット等の繊維品も難燃化されている。その他，街中でみかける昇り旗，広告宣伝幕当も，意外なところで女性が身に着けるウイッグ等も難燃化されている。ウイッグは，色相，光沢及び難燃性を両立させたユニークな難燃繊維である。しかし，欧米と比較し，日本の繊維製品の普及は遅れている。欧米ではソファーやベットが難燃化され，子ども用パジャマまでも難燃化されている。逆に言うとそれだけ日本の難燃化繊維には伸びしろがある。

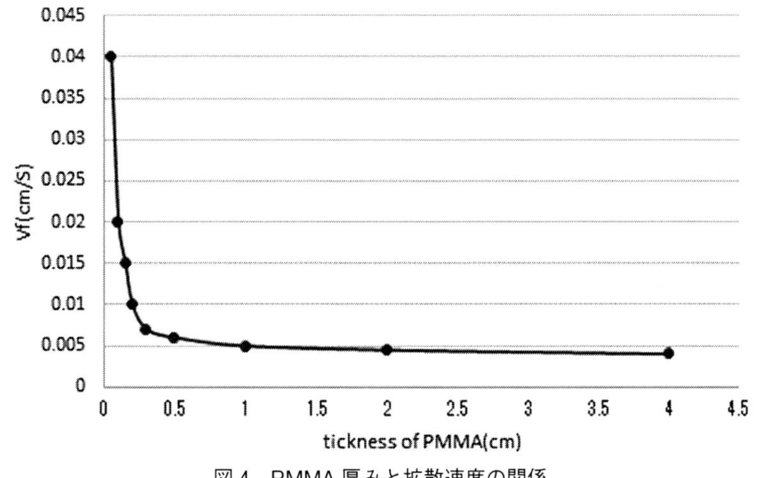

図４　PMMA 厚みと拡散速度の関係

表４　難燃化繊維製品

用途	具体例
車両内装	カーシート、天井、フィルター、フロアー材等
インテリア	カーテン、緞帳、ソファー、寝具等
家電、OA	電磁場シールド、フィルター等
衣料	頭巾、作業着等
その他	のぼり旗、養生ネット、かつら等

3.5.2　難燃規格，試験方法

表５に規格一覧を示す。カーテン，衣類等は，消防法準拠となる。自動車用内装材は，FMVSS 302が世界的基準となり，各国間で大差はない。ただし，中国のGB/T規格は，中国独自の燃焼方法規格が散見される。表6，図5に繊維の消防法とその試験方法を示す。試験方法は，45°傾斜に織物，及び複合体を設置し，バーナー／セサミンで着火させ，炭化長（燃焼距離）で判断する。

3.5.3　繊維の難燃化方法

繊維の難燃化は，成形品の熱可塑性樹脂と処理方法が異なる。その理由は，後処理があるためである。繊維の難燃化には，前処理と後処理があり，前処理は予め繊維化前に配合や重合する。後処理は，繊維化した後に難燃剤を付加する。下記に概要を示す。

(A)　前処理

・共重合，重付加処理

ポリマー構造中に難燃成分をコポリマーとして共重合，もしくは付加させる方法。

例）東洋紡　ハイム（リン重合PET）[6]，東レ　トレビラ（リン重合PET）[7]

・高分子中に難燃剤を混練しコンパウンド化した後に繊維化する方法。

(B)　後処理

・反応性処理

ポリマーの末端や側鎖の反応基を利用して，難燃成分を付加させる方法。

・非反応性処理

難燃剤を繊維中に含浸させる方法（染色同浴処理，結着剤処理）。

3.5.4　難燃繊維加工方法

表７に加工一覧を示す。処理法により，使用難燃剤が異なる。使用量が多いものは，色材との染色同浴となり，難燃剤は非水溶性の吸尽タイプが用いられる。多品種のものは，連続処理可能なPADやロール加工となり，難燃剤は水溶性タイプとなる。それらに使用される難燃剤動向としては，ハロゲンからリンへの動きはあるものの，ハロゲンの高難燃性による少量添加の理由から，切り替えは緩やかである。また，後加工処理の課題を示す。

表５　繊維製品企画一覧

小分類	国内	海外
カーテン	消防法	• カルフォルニア法（US） • BS8524-1(UK) • EN 13773(EU)
寝具、衣類	消防安全65号	NFPA 2112, NFPA 2113
自動車内装材	JIS D1201－1977	FMVSS302
航空内装材	-	Far25863

表６　繊維の難燃規格（消防法）

対象物品		試験規格
カーテン等		45°メッケルバーナー法 45°コイル法（熱溶融）
絨毯		45°エアミックスバーナー法
寝具類	測地類	45°メッケルバーナー法 45°コイル法（熱溶融）
	詰物類	45°セサミンバスケット法 45°コイル法（熱溶融）
	毛布類	水平たばこ法
テント、シート、幕類、非常持ち出し袋		45°メッケルバーナー法 45°コイル法（熱溶融）
防災頭巾		45°エアミックスバーナー法
衣類等		鉛直メタンバーナー法
布張り家具等		45°エアミックスバーナー金網法

試験基準＼区分		カーテン・布製ブラインド・工事用シート ― 薄手布〈厚手布〉注				合　板	じゅうたん等
試験法（通称）		45° ミクロ〈メッケル〉バーナー法		45° たるませ法	45° コイル法	45° メッケルバーナー法	45° エアーミックスバーナー法
試験体		35×25cm ～3体	35×25cm ～2体 ※着炎するもののみ実施	35×25cm ～3体	幅 10cm・質量が 1g になる長さ（20cm を超える場合は 1g に満たなくても 20cm とする）～5体	029×19cm ～3体	40×22cm ～6体
洗濯方法		水洗い洗濯 ドライクリーニング 温水浸漬 50±2℃×30 分（屋外で使用する物品）				―――	―――
状態調節		50±2℃恒温乾燥器内に 24 時間→シリカゲル入りデシケーター中に 2 時間以上 又は 105±2℃恒温乾燥器内に 1 時間→シリカゲル入りデシケーター中に 2 時間以上				40±5℃恒温乾燥器内に 24 時間 ↓ シリカゲル入りデシケーター中に 24 時間以上	50±2℃恒温乾燥器内に 24 時間 ↓ シリカゲル入りデシケーター中に 2 時間以上 ただし、パイルを組成する繊維が毛 100%等である試験体のうち熱による影響を受けるおそれのないものは 105±2℃恒温乾燥器内に 1 時間 ↓ シリカゲル入りデシケーター中に 2 時間　とすることができる。
加熱方法	火源	ミクロバーナー（45mm） 〈メッケルバーナー（65mm）〉			ミクロバーナー（45mm）	メッケルバーナー（65mm）	エアーミックスバーナー（24mm）
	加熱時間	1 分〈2 分〉	着炎後 3 秒〈6 秒〉	1 分〈2 分〉	―――	2 分	30 秒
	略図	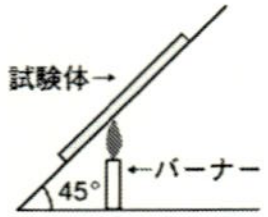 試験体→ 45° ←バーナー		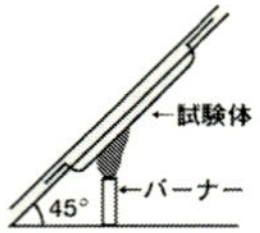 ←試験体 45° ←バーナー	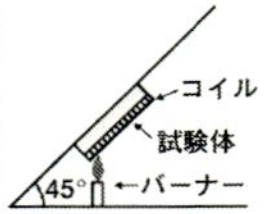 ←コイル 試験体 45° ←バーナー	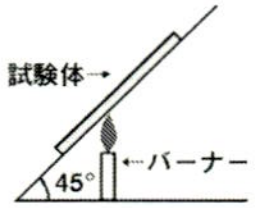 試験体→ 45° ←バーナー	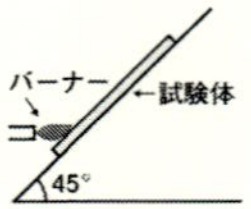 バーナー ←試験体 45°
評価基準	残炎時間	3 秒〈5 秒〉以下		―――	―――	10 秒以下	20 秒以下
	残じん時間	5 秒〈20 秒〉以下		―――	―――	30 秒以下	―――
	炭化面積	30 cm²〈40cm²〉以下		―――	―――	50cm² 以下	―――
	炭化長	―――	―――	20cm 以下	―――	―――	10cm 以下
	接炎回数	―――	―――	―――	3 回以上	―――	―――

図 5　繊維燃焼試験一覧
（「防災の知識と実際」，消防庁ホームページ，http://www.fdma.go.jp/）

表7　難燃繊維加工方法

加工法		処理面	特徴
連続処理	PAD	全面	意匠性 難燃剤；水溶性、低粘度
	スプレー	全/裏面	難燃剤；水溶性、乳化物
	コーティング	裏面	意匠性、樹脂併用 デカブロ⇒リン系へ ＊近年泡コーティング増加傾向
	グラビアロール	↑	
	キスロール	↑	
浸漬	染色同浴	全面	難燃剤；非水溶性、吸尽タイプ HBCD⇒リン系

・課題①；加工安定性

✓難燃剤のゲル化

✓染料分散不良

✓併用薬剤による難燃性不良

・課題②；分散安定性

乳化／分散不良とその保持性（難燃剤高比重も課題）

・課題③；その他特性

✓耐光性

✓脆化

✓フォギング

3.6　まとめ

全世界において21世紀の繊維は成長産業であり，繊維生産量は4百万tから88百万tと20倍以上に成長し，今後もポリエステル中心に成長が続く。その中でも難燃繊維は，後進国の発展に伴い世界市場でその比率を伸展している。火災から「人命」と「財産」を守るこの社会基盤として必要不可欠な「難燃技術」は，今後のビジネス機会が確実に存在し，世界市場としては新興国の成長，先進国の「安全安心」の高度化により成長が確実視されている。

文　献

1) 消防庁,“平成 30 年版 消防白書”消防庁 http://www.fdma.go.jp/html/hakusho/h30/h30/（参照 2019 年 5 月 27 日）
2) ミカエル・シュピーゲルシュタイン,“安全な難燃剤の需要を満たすために”, 日本難燃剤協会 www.frcj.jp/docs/pdf/halogen/semi/004.pdf,（参照 2019 年 4 月 5 日）
3) 欧州議会と欧州連合理事会,“2006 年 12 月 18 日付け欧州議会及び理事会規則（EC）No1907/2006”, 環境省 http://www.env.go.jp/chemi/reach/reach.html（参照 2011 年 7 月 20 日）
4) 日本難燃剤協会 リン酸エステル環境対策WG,“ビスフェノール A ビスジフェニルホスフェートの R−53 指定に関する見解”日本難燃剤協会, http://www.frcj.jp/docs/20100226a.pdf,（参照 2019 年 4 月 5 日）
5) 厚生省“三酸化二アンチモンに関する規制強化等”https://www.mhlw.go.jp/file/06-Seisakujouhou-11300000-Roudoukijunkyokuanzeneiseibu/gaiyou_Sb2O3.pdf（参照 2019 年 4 月 5 日）
6) 東洋紡ハイム®スパンボンド https://www.toyobo.co.jp/seihin/sb/product_03.html（参照 2019 年 4 月 5 日）
7) ポリエステル難燃繊維「トレビラ CS」, 田中信, 繊維機械学会誌, **46**(6), P. 228（1972）
8) “内外の化学繊維生産動向”日本化学繊維協会化繊協会 https://www.jcfa.gr.jp/mg/wp-content/uploads/2019/02/ebe32c82db05ad1d12689cdd26482a06.pdf（参照 2019 年 4 月 5 日）

第4章　有機導電性繊維

1 「銀メッキ繊維 ODEX®（オデックス）」の特性と用途展開

楠田泰文*

1.1 はじめに

銀メッキ繊維 ODEX®（オデックス）はナイロン糸に銀を無電解メッキした繊維である。金属の中で最も抵抗値の低い銀を用いることによって高い導電性を持ち，副次的に抗菌・消臭効果や電磁波遮蔽性能，熱伝導性等も兼ね備えている。この導電性繊維の特性を活かした製品が従来の産業用途をはじめ，昨今では衣料・医療用途等，様々な分野に展開されている現状を紹介し，将来的な展望を示してみたい。

1.2 導電性繊維とは

一般に体積抵抗率が $10^{8\sim}$ Ω/cm を制電性繊維，$10^{\sim 7}$ Ω/cm を導電性繊維と定義され，種々の特性により様々な所で使用されている。帯電防止にはじまり抵抗値が低くなるに従って，電磁波シールドや通電素材等へ使用範囲が広がっていく。

1.3 導電性繊維 ODEX®

ODEX® はナイロンの物理的な特性（しなやかさ，屈曲性能，引張強さ）に銀の様々な長所を併せ持った素材である（表1，2，写真1）。

表1　銀の特性

導電性	全ての金属の中で最も電気を通し易い
殺菌作用	金属の中でも殺菌力が高い
生体作用	生体組織の再生を促進する
熱伝導性	熱を伝え易い金属である
化学的特性	触媒作用がある
展延性	屈曲に強く、薄く引き延ばす等の加工が容易である
低刺激性	皮膚刺激が少なく、比較的安全な金属である

＊ Yasufumi Kusuda　大阪電気工業㈱　常務取締役　技術担当

表2　製品特性

	ODEX®30D	ODEX®70D
ナイロン原糸デニール	30	70
フィラメント数	7	34
メッキ後デニール	約39	約92
フィラメント径	約15μm	約10μm
抵抗値（Ω/50cm）	850	500
引張強度（g）	132	370
伸度（%）	40.0	27.8

※製品は9インチコーン巻きが標準仕様

写真1　銀メッキ繊維 ODEX®（オデックス）

1.4　ODEX® の機能性と用途展開例

1.4.1　帯電防止性能

ODEX® を織り込んだ生地で半減期測定試験を行うと 0.49 秒（10 秒以内で有効（JIS-L-1094）），摩擦帯電電荷量測定試験では 0.22 μC/m^2（7 μC/m^{2}以下で有効（同））といった結果が得られる。この分野では炭素繊維がコストの面からもよく使われているが抵抗値が高いために，高次元性能が求められる分野（医薬品や食品）では ODEX® が多用されている。特に防爆フィルターに用いられる例が多く，元々はステンレス極細線が使われていたが，可縫性，品質面からの理由で切替えられた。御興味頂ける方は産業安全研究所技術指針の静電気用品構造基準 1984 年改訂版を御参照頂ければと思う。

最近はアパレル向けに使われるようにもなってきた。静電気除去を目的として ODEX® を細幅織物等に織り込むことによって静電気を早期に逃がすことができ，スカートの纏わり付きや乾燥時の帯電ショックを和らげる。（写真2，3）

1.4.2　電磁波遮蔽性能

当社の銀メッキ繊維事業は現社長が電線の電磁波遮蔽を試みた所から始まっている。テレビのアンテナ線を分解すると芯の銅線が絶縁された上に軟銅の極細線が編まれている。これはテレビの電波を周囲の電磁波が邪魔をしないようにするためだが，この技術は様々な所に使用されている。これを編組線と呼び，銅線から銀メッキ繊維に置き換えれば軽量化やフレキシブル性に寄与すると考えた。結果としては充分な性能が得られたもののコスト面から製品化は実現していないが，今後は混率を変更する等しながら機器用電線の電磁波シールド等に展開していきたい（図1）。性能の一例としては経緯に ODEX® を織り込んだ生地で 0〜10 GHz 帯において 15 dB 以上の減衰率を示す。

写真 2　帯電防止製品の一例

写真 3　井上リボン工業㈱のエレフラット

過去には心臓ペースメーカー装着の方向けにシールドシャツが販売されていたが，携帯電話の周波数特性の変化で数量は減少している。しかしながら電磁調理器やパソコンをはじめとして現代社会において電磁波による脅威は少なからず存在し，人体への影響は避けて通れない。高度医療機器用の製品に約 50％の混率で ODEX® が織り込まれている例もある。又，アパレル分野では混率を落して低価格にした物もある。妊婦帯にも用いられており，高付加価値価格帯の中心商品として販売されている。

1.4.3　導電性能

抵抗値は 30 デニールで 850 Ω/50 cm 以下，70 デニールで 500 Ω/50 cm 以下の導電性能を示す。最近ではミシン糸（123 Ω/m）に加工したものも販売しており，可縫性が高い点で人気がある。当社では弱電分野で電線の代わりとして使う試みを行ってきたが，ウェアラブル分野の伸長によって具現化しつつある。腕時計タイプの製品に比べるとウェア型は心拍を始めとした身体データの正確性が高いことから一定の支持がある。人体からの電気的信号を感知する所から始まるが，このセンサー部位は樹脂型，繊維型に大別され，性能面，加工面，装着面…様々な側面から比較されている。密着性もポイントで各社様共，苦慮されている。それと共に皮膚への影響を考えなくてはならない。金属の中でも比較的，安全性が高いと言われる銀でも接触性皮膚炎の可能性は思慮すべきであろう。身体の一部だけではなくアレルギー反応で全身症状が発現するケースも考えられるので，開発に関わる方にはその点を留意頂く様，いつもお願いしている。例えばエラストマー繊維と ODEX® を組合せた生体親和性の高い布型電極（写真 4 ）等の工夫が必須である。

導電性能を活かした身近な所では静電容量反応型液晶向けの導通手袋が発売されている。100

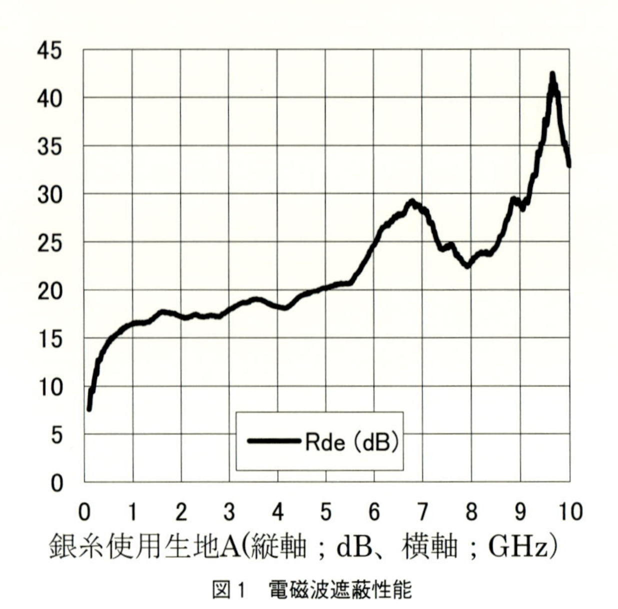

図１　電磁波遮蔽性能

円ショップ等で販売されている商品は炭素繊維を疎らに指先に編み込んでいるが，快適な反応性を求めたり他社製品と差別化する場合には高級イメージの銀メッキ繊維を使用されるらしい。

特殊用途では導電性作業服に使用されている。これは高圧の電気が流れる鉄塔にそのまま登ると感電してしまうため，ODEX® を織込んだユニフォームでアースする製品である。着用感や導通性の面での品質優位性に優れている。

開発研究段階ではあるが「手袋型電気触覚提示による道具操作支援システム」において術用ゴム手袋の導通部位に採用されている。これは電気刺激により指先に触覚重畳を行うことで危険を通知，手術を支援するものだが，銅線等ではゴムとの密着性が取れず，着用感の上でも銀メッキ繊維を使うこととなった。

導電性能の応用編と思われる開発案件としてスリングベルトの安全指標がある。スリングベルト内部に導電性繊維を加工して数ラインの導通線を設けて両端に測定用の電極を設置，重量物を繰返し吊上げる負荷によって徐々にベルト全体が伸びたり一部の繊維が切断することで抵抗値が上昇，一定の値になったら使用停止にするという安全基準のようなものである。原理は簡単であるが加工方法によって指標値化が難しいらしく，未だに研究開発段階である。

最近は導体抵抗の変化を活用した漏血包帯等の開発も進んでいる。漏電の原理を応用したものであるが，液体の浸潤によって抵抗値が変化するとアラートを出す仕組みである。抵抗値の感度を工夫することで他の体液と血液を区別できる。加えて銀メッキ繊維であれば抗菌消臭効果も期待されるため，ひとつの素材で複数の効果を得られる ODEX® の特長が発揮された製品でもある。

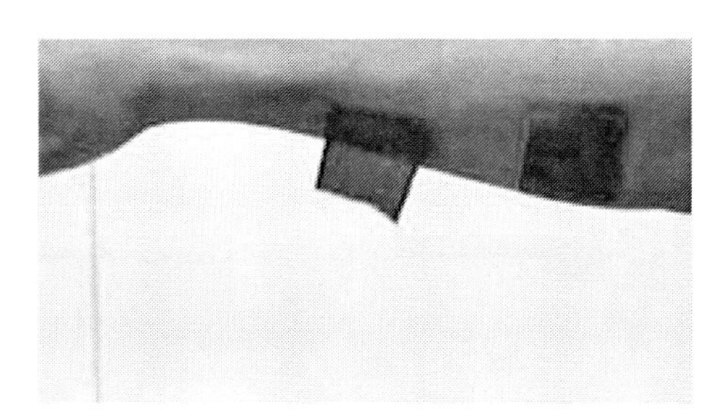

写真4　生体親和性を重視したウェアラブルセンサー生地
（左；銀繊維のみ，右；銀繊維＋エラストマー繊維）
（住江織物㈱提供）

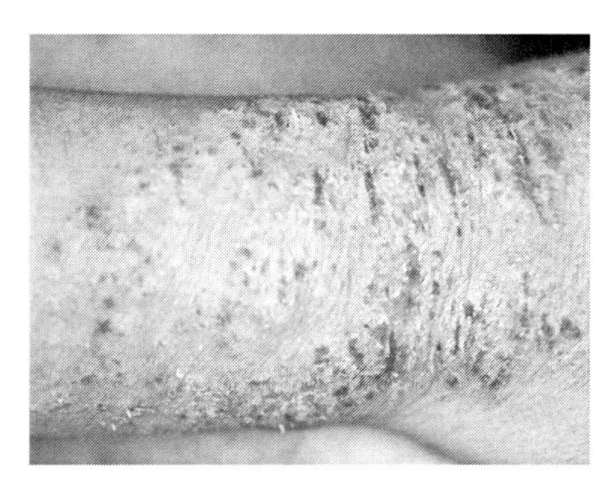

写真5　接触性皮膚炎の一例

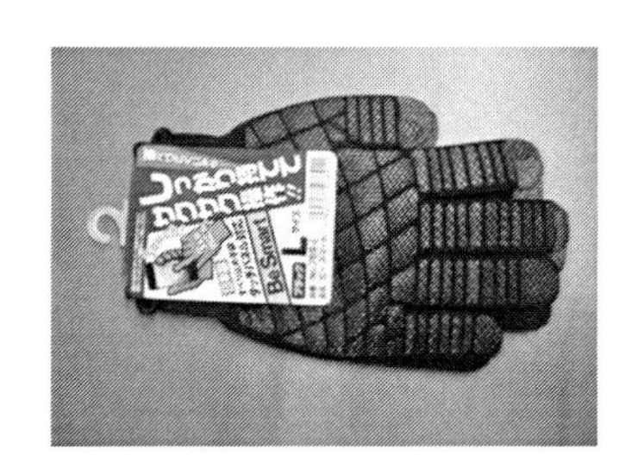

写真6　導通手袋

1.4.4　抗菌性

銀の抗菌性は既知の事実であり，著者も医薬情報担当者として銀を用いた医療用被覆材を販促していた頃に創傷治癒力の高さを目の当たりにしてきた。特にⅡ度以上の熱傷に対しては感染症防御の側面が大きく寄与し，抗生物質のように耐性菌も発現しない点がメリットである。細菌の細胞膜や膜蛋白に結合し，構造破壊細胞内部に入って電子伝達系酵素を阻害する銀の効能を最大限に活かすにはどのような形態であるかがポイントと考える。そこで繊維状にすることによって粒子や液状のように流れ落ちず，面状や線状で長くその部位に留まって効果を発揮する必要性が高まることとなる。ODEX® はグラム陰性菌にも幅広い殺菌力を持ち，白癬菌を始めとする真菌類にも効果がある。例えばODEX® を靴下に編み上げた生地で殺菌効果試験を行うと，対照群に比べて白癬菌数が1時間後で3分の1，2時間後に6分の1まで減少する。織物でのデータの一例としては黄色ブドウ球菌に対して18時間後の生菌数の常用対数値が＜1.3，静菌活性値が＞5.6，殺菌活性値が＞3.2，大腸菌に対しては各々＜1.3，＞3.1，＞3.1という値を示している。消臭効果としてもアンモニアガスや酢酸ガスに対して82～93%の減少率となっている。靴下に多用されていたが，現在では製品化時における副次的なメリットで採用されることが多い。

1.4.5 熱伝導性能

金属繊維には共通することではあるが熱伝達の速さは銀メッキ繊維も同様である。これを主目的としてODEX® が採用されることはないが，過去には電気治療器の電極に使われていた関係から施術後の保温用サポーターに使われている。最近ではウェアラブルヒーターに用いられ，非常に薄い生地ながら約5Vの電圧を掛けると20℃程度の温度上昇が見られる。この分野ではカーボン繊維が多用されるが，熱伝導の速さではこちらにメリットがある。

1.5 ODEX® 使用上の留意点

銀メッキ繊維を使用する上での留意点を挙げておきたい。ひとつめは銀の特性として空気中の硫黄成分や塩素等のハロゲン属の元素化合物と反応して黒変し易くなる弱点である。かといって真っ黒になるかといえば，自社で何年も自然環境下にあるサンプルでも，ある程度の変色までしか進んでいない。又，この素材だけで商品化することはほぼ無く，他の色糸と合わせるのが普通であるため，変色が問題となったケースは無い。二つ目は塩素系漂白剤によって銀の効果に影響を与えてしまうことである。100%失活してしまう訳ではないが，是非とも試作の段階で洗濯試験等の実施をお願いしたい。この銀メッキ繊維自体のデータを色々提出させて頂いたにも関わらず，加工段階で様々な手を加えられた結果，事前に予想された性能を発揮できないケースも見てきた著者としては，経験則から考えられるリスクをお伝えすることで製品実現化のお手伝いをさ

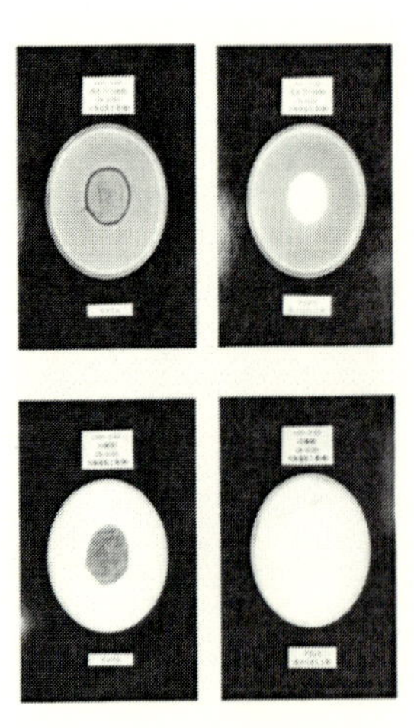

写真7　抗菌性能

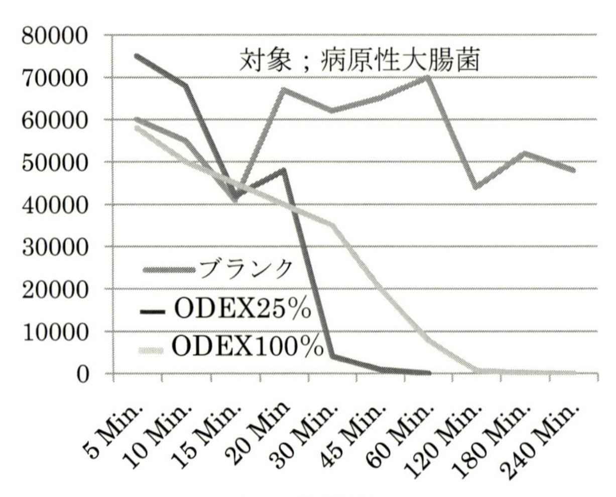

図2　抗菌性能

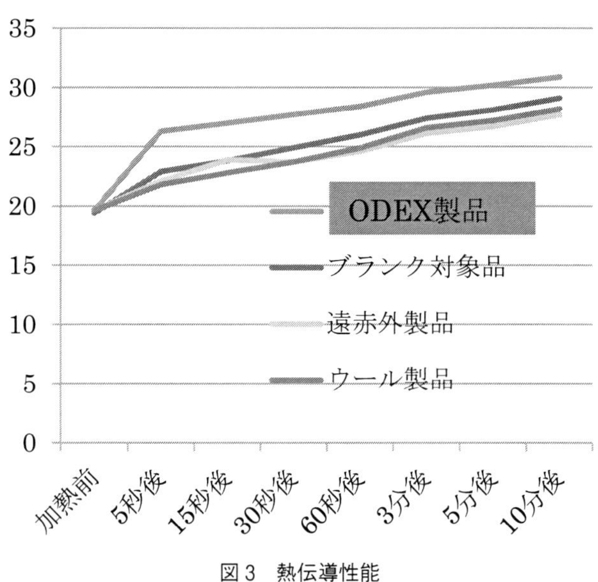

図3　熱伝導性能

せて頂きたいと考えている。

1.6　結語（繊維と電気の融合）

最後になってしまったが大阪電気工業㈱について紹介したい。当社は電線・ケーブルの製造・加工を本業としており社会インフラのひとつである電気を支えている。電線と繊維はボビンに巻いて長く連続性があるという共通点があり，伸線（紡績），メッキ（染色），撚線（撚糸）の工程も同じである。最近は繊維業界の方々が工場見学に来られることも多く，新製品開発のヒントになったという感想を頂くこともある。こんなに身近な両者が昨今のウェアラブルという概念でやっと近付いてきた。ここではNDAの関係もあり現行の活動内容を全て表現することはできなかったが，今後は本稿で紹介させて頂いた用途以外にも繊維と電気の融合による新しい分野を異業種の方々と切り拓いていきたい。

2　導電性合成繊維と東レ「ルアナ」

松見大介*

2.1　はじめに

現在では生活や産業の高度化により静電気による障害や災害が課題となっている。

静電気障害としては表1のように静電気力による付着，反発や電撃ショック，放電火花による障害・災害に至るものもあり，絶縁性の高い合成繊維では，長年にわたり多くの制電技術が開発され，上市されてきた。

また一方では，吸引力による電気植毛やフィルム工程での密着，反発力による繊維の開繊や粉体の分離操作などに利用され，さらにプリンタの帯電・除電など静電気特性を利用した技術も多用されている。

これらの静電気を制御するために今でも多くの技術が開発されている。

2.2　制電・導電性繊維

静電気を抑制する繊維としては衣料・建装用途の帯電防止としての制電性繊維，高度帯電防止や除電性能を有する導電性繊維，除電と電磁波遮蔽効果のある金属・メッキ・炭素繊維などがある。

この制電性能の進化について見ると，

第1世代（後加工法）：各種界面活性剤や親水性樹脂を制電剤として後加工するもので，制電性能や耐久性に問題はあるものの一般衣料用として現在でも広く使用されている。

第2世代（練込み法）：制電性能，耐久性を改善する技術として，ポリアルキレングリコール系などの親水性重合体を繊維中に筋状に形成させるもので[1]，現在では芯鞘複合の芯部に高濃度に制電物質を配置することにより，更に性能の向上が図られている（図1）。

表1　静電気の障害

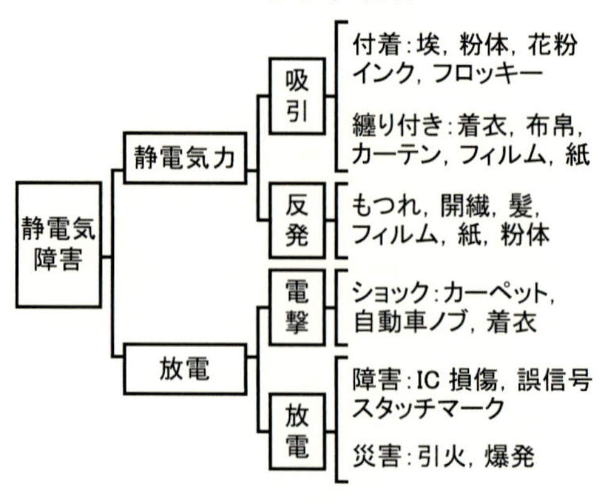

＊　Daisuke Matsumi　東レ㈱　フィラメント技術部　愛知フィラメント技術課　課長

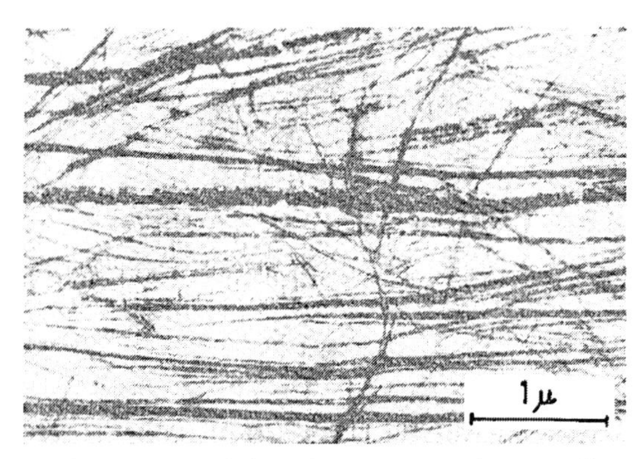

図1　ナイロン糸中のポリアルキレングリコール[1)]

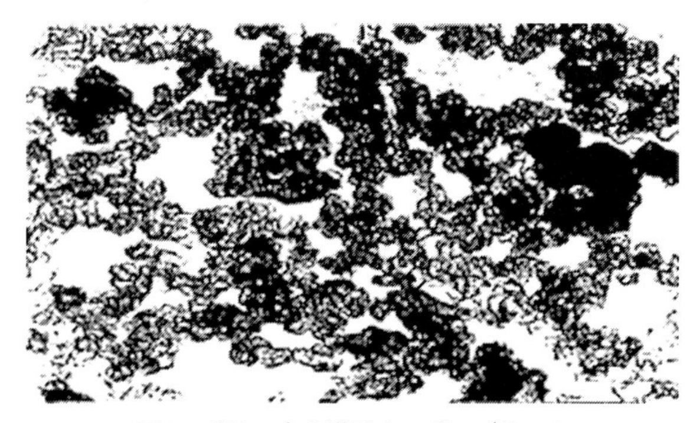

図2　ポリマ中の導電カーボンブラック

親水性重合体の練り込み法は耐久性には優れるものの，低湿での制電性能に限界がある。
第3世代（導電繊維）：合成繊維に導電性物質を添加し導電性を付与するもので，制電性能，耐久性に優れている。

導電性物質としてはカーボンブラックを30％程度添加したポリマを芯鞘，貼合せ複合するものが主流であり，用途や要求性能にあわせ，SnO_2，ZnOなどの金属酸化物を添加したり，表層に金属メッキや化学結合させるものもある（図2）[2)]。

2.3　導電性繊維の特性（図3）[3)]

繊維の導電性（比抵抗）は絶縁体としての汎用合繊（10^{12}～10^{15} Ω・cm）から金属メッキ繊維や炭素繊維のように導体として10^{-5}～10^{-1} Ω・cmのもの間にあり，親水性の重合体による第2世代の制電性繊維では10^{8}～10^{11} Ω・cmのもの，導電性フィラーによる第3世代の導電性繊維では10^{2}～10^{7} Ω・cmの半導体領域のものが多用されている[4)]。

導電性繊維としては静電気特性のほかに，汎用繊維に混用して衣料や建装用途に使われるため，汎用繊維なみの機械特性，耐熱特性が求められる。

区分		比抵抗値（Ω·cm） 10^{-5}　10^{0}　10^{5}　10^{10}　10^{15}	用途
金属繊維	ステンレス繊維		フィルター類、防爆型作業服、防塵衣等
	金属メッキ繊維	[東レ製品]	
炭素繊維		トレカ®	航空機等
導電繊維（カーボン配合）	芯鞘複合	ルアナ®(ナイロン・ポリエステル) SCIMA®(ポリエステル)	カーペット、防塵衣 プリンター用ブラシ
	筋状分散	東レSA-7®(アクリル)	プリンター用ブラシ
	均一分散	SEC(ナイロン)	プリンター用ブラシ
制電繊維	有機導電物質ブレンド	パレル® (ナイロン・ポリエステル)	一般制電衣料
一般繊維		ナイロン・PET等	一般衣料

図3　各種繊維と導電性特性[3)]

2.4　有機導電性繊維の技術

金属繊維を除けば，有機導電性繊維は1974年のDuPont社によるカーボンブラック分散ポリエチレンを芯としナイロン66を鞘としたBCFカーペット用“Antron Ⅲ”の開発を嚆矢として各社の開発が進んだ。

各社の開発状況は表2に示すように3大合繊を網羅し，色調や表面比抵抗から各種の複合形式が採用され，導電フィラーやマトリックスポリマの改善も進められている[5,6)]。

2.5　東レの制電・導電繊維

東レは日本の合成繊維のパイオニアとして合成繊維市場の開拓とともに，課題とされる静電気障害にも取り組み1966年には第2世代の“ナイロン・パレル”，1976年には“テトロン・パレル”を世界に先駆けて開発してきた。

その後第3世代のカーボンブラック系の導電性合成繊維についても“ナイロン・ルアナ”，“テトロン・ルアナ”，アクリル長繊維・短繊維“SA-7”を開発し，3大合繊の品揃えをするとともに，第2世代の進化としても吸放湿芯鞘複合ナイロン糸，ポリエステル芯鞘複合糸“パレルS”を開発し，市場の要求に応えてきた（図4）。

またレーザープリンタ用ブラシ材として導電性ナイロン“SEC”，ポリエステル“SCIMA”，アクリル“SA-7”と高機能導電繊維を展開している。

2.6　用途展開

2.6.1　建装用カーペット，人工芝など

カーペットなどの床材は歩行による人体帯電の問題から導電性ナイロンの主用途の一つであり，初期には第2世代の制電性ナイロンが使われたが，現在では殆ど導電性繊維混用に置き換えられている。

表 2　導電繊維の開発

名称	メーカー	素材	断面	関連特許	備考
Antron Ⅲ	Du Pont	N		特公昭 52-31450	47 年発表
Ultron	Monsanto	N		特公昭 53-44579	51 年発表
Epitropic	ICI	PET		特開昭 51-109321	48 年発表
SA-7	東レ	AN		特公昭 53-31971	繊研新聞 53. 5. 19
ルアナ	東レ	N PET		特開昭 55-1337	
ベルトロン	鐘紡	N		特公昭 56-37322	日本繊維新聞 53. 6. 16
メガⅢ	ユニチカ	N		特開昭 54-134117	
T-25	帝人	PET		特開昭 55-107504	導電成分 CuI
KE9 エミナU	東洋紡	AN N		特開昭 55-98913	日本繊維新聞 54. 4. 17, 59. 9. 20
クラカーボ	クラレ	PET		特開昭 55-122018	繊研新聞 54. 6. 28
サンダーロン	日本蚕毛	AN		特開昭 55-51873	導電成分 CuS

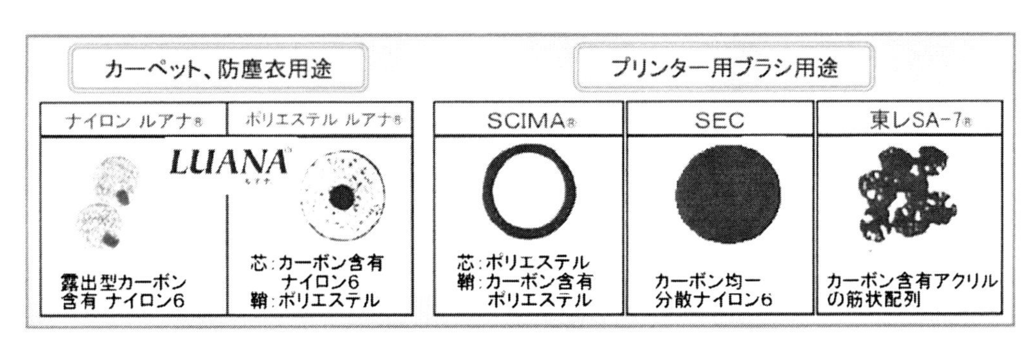

図 4　東レの導電性繊維[6)]

カーペット用BCFの場合20 dtex程度の導電性繊維を3000 dtexほどのナイロンBCFに混用（0.7%）してタフトし，導電性バッキングすることで高度制電性能のカーペットとしている。

2.6.2 衣料用アウター，インナー

一般衣料用途のナイロン・インナーやポリエステル裏地ではまとわりつきや埃の付着，さらに着脱時のパチパチという放電防止のため，従来より第2世代の制電性ナイロンやポリエステルが使われ，より高い制電性が得られる複合糸タイプのナイロンや“テトロン･パレルS”も使われている。

更に高度制電性が求められるブラックフォーマルやユニフォーム，花粉の付着防止衣料には導電性カーボンブラックによる“テトロン･ルアナ”糸や“SA-7”混紡の紡績糸が使われる。

2.6.3 防塵衣・作業衣

産業の高度化に伴い，クリーンルームなどでの防塵・制電作業衣として，導電性繊維をストライプ状，格子状に数mm間隔で織り込んだ高密度のポリエステル織物が使われ，縫製には導電糸を合撚した縫い糸が使用されている。

また，JIS T 8118に定められる静電気帯電防止作業服では表地，裏地，露出面積なども規定されており，制電，防爆用衣服ばかりでなく精密電子機器作業用には導電性繊維を交編した除電・制電手袋にも使用されている。

2.6.4 プリンタ用ブラシ

レーザービーム・プリンタでは感光体ドラム上に画像を形成するため滑剤塗布ブラシ，帯電ブラシ，トナーブラシ，クリーニングブラシなど各種の導電性能を有する導電性ブラシが使われている。

高電導性や低電導性の要求特性に合わせ，電導安定性のある“ナイロンSEC”，“テトロンSCIMA”アクリル“SA-7”などが使用されている。

2.6.5 その他の用途

静電気制御や導電性を求められる用途として，エアコンフィルター，バグフィルター，コンベアベル，帯電防止テープのような産業用途から，毛布，ブラシやスマホ手袋のような生活資材まで導電性繊維が使用されている。

また，近年ではウェアラブルデバイスが注目され，“hitoe”のような生体電極用導電性ナノファイバー編物[7]や導電性繊維を用いた高伸縮性導電配線の開発[8]など今後の実用化が期待される分野もある。

これからも生活文化，産業の高度化にあわせ，高機能な導電性繊維や新規な用途の開発が進むと思われる。

文　　献

1）　岡崎薫，高分子，**21**(245)，p. 403（1972）
2）　藤原繁，平川董，繊維と工業，**29**(8)，p. 562（1973）
3）　先端繊維素材展示会，東レ（WEB 展）(2013)
4）　松尾義輝，繊維工学，**54**(3)，p. 101（2001）
5）　山本雅晴，繊維工学，**38**(8)，p 329（1985）
6）　山本雅晴，永安直人，繊維工学，**41**(2)，p. 109（1988）
7）　東レ㈱，https://cs2.toray.co.jp（2018）
8）　産業技術総合研究所，www.aist.go.jp（2015）

3　サンダーロン®の特性と用途

福岡万彦*

3.1　はじめに

静電気は1年中発生，放電を繰り返しており，放電されなかったものが帯電してしまう。今日の日常生活においては，化学繊維の衣料が普及しており，一般衣料から作業服等まで着用する機会が多くなり，静電気の発生が起きやすい問題があると考えられる。

例えば，日常では衣料の脱着時の静電気によるパチパチした不快感や歩行等の摩擦や剥離でドアノブに触れたとたん，手が静電気による衝撃を受ける事があり，工場作業等では電子部品等の精密機械の製造や取り扱いにおいても静電気が発生すると異物の付着やノイズ発生による不具合等によって故障を生じてしまう恐れがある。

静電気の特性の一つとしては，静電気発生が原因による事故が起きても，その痕跡が残らないことである。

従って静電気が原因による不具合や事故を防止するには，予め静電気の発生を防ぐ処置をするか，発生してしまう静電気を逃がしてやる対策が必要になってくる。

その様な静電気対策にサンダーロン®は非常に優れた効果を発揮させる事ができる繊維である。

3.2　サンダーロン®の物性と特長

サンダーロン®は，原料であるアクリルやナイロン繊維の特性がそのまま活かされた比重が小さい導電性繊維である。

アクリルやナイロンの繊維表面にダイジェナイト（Cu_9S_5）を薄い被膜で化学的に結合させた多機能な効果を併せ持つ有機導電性繊維である。

サンダーロン®は，比抵抗が 10^{-1}～10^{-2} Ω・cm と導電性に優れており約 10 μm の細い繊維も均一な加工ができている繊維である。

導電膜の厚みが 300 Å～1,000 Å と非常に薄くてなおかつ耐久性もある事が特長である。

金属細線や炭素繊維と比べると，折り・曲げに強く，洗濯をしても折れや切断をしない繊維である。

又，金属細線と比べて比重が軽い事から同じ混入割合では，容積が大きくなり大きな除電効果が得られる。

そのような事から，サンダーロン®の繊維は細くしなやかで柔らかく，毛腰，弾力性，復元性もあり，企画した色々な形状に加工する事が可能な繊維であると言える。

この点がサンダーロン®の大きな長所と言え，サンダーロン® 100％の編み地や織生地を作る時や，サンダーロン®のワタを用いた紡績で他素材と複合させた混紡糸を製造する時の工程にも何

＊　Kazuhiko Fukuoka　日本蚕毛染色㈱　営業部　部長

ら問題は生じず，一般の繊維と変わりなく同様に取り扱う事ができる繊維である。ゆえにサンダーロン®は，他の繊維と混紡等をする事で抵抗値を調整する事もできる。

その他，金属メッキ繊維は繊維の表面に物理的にメッキされたものが多く，繊維の高分子と分子間で結合はしていなく，金属皮膜が薄いと剥離しやすい為，厚い金属皮膜で形成されている。サンダーロン®は，繊維の高分子と金属化合物が結合して金属高分子化合物になり，金属メッキ繊維のような導電膜のひび割れや剥離が無いことから，耐摩擦性，耐洗濯性にも優れており，柔らかな繊維の性質は変えずに作られている事により接触方式による除電や薄い紙等の除電に用いるのにも帯電物に傷を付けることの無い最適な繊維であると言える。

但し，サンダーロン®の導電被膜は強酸化や強還元の雰囲気下では影響を受けやすい事があるので，その点だけは考慮をして使用をしなければならない。

3.3　サンダーロン®及び銅の安全性

サンダーロン®は，（一社）繊維評価技術協議会のSEK抗菌防臭マーク（青）を取得しており安全性が高いと認められている繊維である。

サンダーロン®の安全性試験は以下の通りである。

皮膚一次性試験　：P.I.I 値 0.0 無刺激性（生活科学研究所）
急性経口毒性試験　：5,000 mg/kg（生活科学研究所）
皮膚感作性試験　：陽性反応率 0%（生活科学研究所）
変異原生試験　：陰性（日本食品分析センター）
人皮膚試験　：被験者 20 名に変化は認められない（生活科学研究所）

銅は，人体に必須な元素のひとつであり，クラーク数では地表面上に最大で 0.01%存在していると言われている。

動植物にも含まれているゆえ，銅は人体に影響の無い元素であると言える。

以上の事からサンダーロン®は，安全性の高い繊維であると言える。

3.4　サンダーロン®の効果と用途

3.4.1　除電効果

サンダーロン®は，各種の除電商品として多岐に渡って展開している。

静電気放電の現象は火花放電，コロナ放電があるが，サンダーロン®には無数の微細な先端がある事によって，一般環境下では除電の際に帯電物に対して一挙にスパークする事がなく微弱なコロナ放電を起こして静電気を除去できる繊維である。

＋又は－に帯電した物体が近付くと，サンダーロン®は逆の電荷を発生して素早く中和・除電する事ができる繊維である。

各工業用資材分野から一般用途まで幅広く除電対策として使用されており，これはサンダーロン®がアクリルやナイロンの柔らかな繊維の特性を変えずにできているからである。

半導体や精密機械の製造等で使用される手袋，制電作業用エプロン，腕カバー，靴底やブラシ類等からフェルト，フレキシブルネット，除電マット，カーペット，ロープ，ノレン紐，ホビーやオーディオ関連等，多岐多様に用いられている繊維である。

各種機械の高速化に伴い，静電気の発生は増えることになりサンダーロン®は，軽量，小型にまとめられる事ができ，薄く，柔らかい繊維である事と，長繊維，短繊維の2種類があり，用途に合わせて選択ができる事で毛材から不織布まで各種を揃えており，あらゆる方面に用いるのに最適な繊維である。

例えば，サンダーロン®を混紡した糸を用いたカーペットについて述べる（表1）。

サンダーロン® EYU70s は，硫化銅が化学的に結合された被膜で形成された短繊維が混紡されており，細い先端の避雷針が無数にある事で他社品導電性繊維よりも少ない条混の条件であっても帯電性において優位性があると言える。

又，混紡されているナイロン繊維を，任意の色相に染色できる事から目的に合った色の展開も自在にできる。

3.4.2 抗菌防臭効果

銅による抗菌効果はすでに周知されており，サンダーロン®も同様に黄色ブドウ球菌，肺炎桿菌，緑膿菌，大腸菌等に優れた抗菌効果を発揮できる繊維である。

人体からの発汗によるムレ等による不快臭は，菌が増殖される事により発生する事であり，サンダーロン®は，銅の効果によって菌の増殖を制御する事で，優れた抗菌防臭効果を得られる。従ってサンダーロン®は，例えば発汗によるムレが多い靴底等に用いるのには，最適な繊維であると言える。

又，サンダーロン®は抗菌防臭効果だけではなく，4大悪臭と言われるアンモニア，硫化水素，メチルメルカプタム，トリメチルアミンの臭気にも優れた消臭機能を発揮する多機能な繊維である。

表1　サンダーロン® EYU70s とその他の糸の帯電性比較試験

品名	：サンダーロン® EYU70s	
試験目的	：各社導電性繊維とサンダーロン® EYU70s を用いたタイルカーペット（パイル長 3.5 mm）の帯電性比較	
試験方法	：JIS L 4406：2008 7.10	
試験温湿度条件	：23 ± 1℃ (25 ± 2)%R.H.	
測定機関	：(一財)ケケン試験認証センター	
試験試料	条混	測定値 KV(－)
ブランク	—	5.9
他社品導電性繊維 A	1/6	0.6
他社品導電性繊維 B	1/6	0.7
サンダーロン® EYU70s	1/18	0.4
サンダーロン® EYU70s	1/30	0.5

3.4.3　蓄熱効果

サンダーロン®は，太陽光や体温，近赤外線の波長域の電波を吸収する特長があり，それにより熱エネルギーを蓄熱する効果が見られる。

例えば，サンダーロン®でできた中ワタや不織布等を用いた防寒服や，サンダーロン®の糸を交編・交織した肌着等，厳冬期の防寒対策にも十分な蓄熱効果が発揮できる繊維と言える。

防寒服等に用いると蓄熱効果に加え制電や抗菌防臭効果も併せて持っており衣料に使用するのに適した繊維である。

これからの環境負荷から考えて，羽毛等に置き換わる素材を考慮するとサンダーロン®の蓄熱効果は時代に応じた最適な繊維であると言える。

ダイジェナイトシートは，薄く軽量であり着用者に何ら余分な負荷を与えずに十分な蓄熱効果が期待できる不織布である（図１）。銅の抗菌防臭効果を併せ持つ事から衣料向けにも最適な不織布と言える。

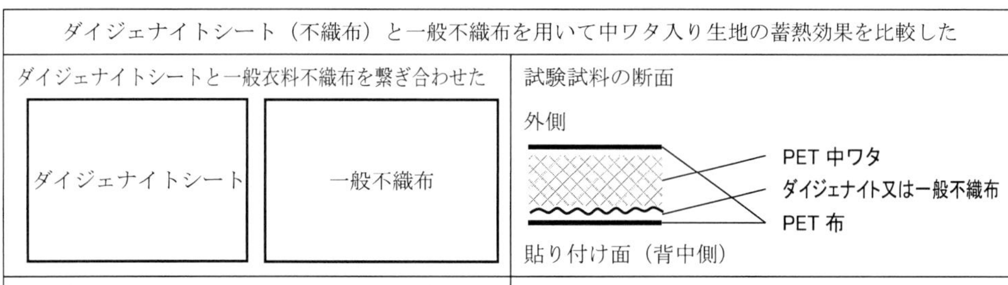

ダイジェナイトシート左側/一般不織布右側

℃　36.0　FLIR　20.0

ダイジェナイトシート右側/一般不織布左側

ダイジェナイトシートと一般不織布をつなぎ合わせて作成した中ワタ入りの検体を用意した。人肌側にダイジェナイトシートと一般不織布が当たるようにして試料を人の背中に張り，屋外で蓄熱効果をサーモグラフィーで撮影した。試験は，左右での差が無いようにダイジェナイトシートと一般不織布を左右入れ替えて撮影した。左右どちらでもダイジェナイトシートは，一般不織布よりも優れた蓄熱効果を示した。

図１　ダイジェナイトシートと一般不織布の蓄熱比較試験

3.5 まとめ

サンダーロン®は，繊維の直径が細く，導電膜が薄いことが効果として安全に放電することができる有効な手段と考えられる。

サンダーロン®は，その多機能の特長を活かして，少ないブレンドでも帯電防止，静電気除去，安全性製品から抗菌防臭や蓄熱効果等各種の効果が得られる新しい商品の用途開発が可能な繊維である。

第３編
アフタープロセッシングと応用

第1章　スマートテキスタイル

1　有機導電性繊維を用いたテキスタイルデバイス

木村　睦*

衣服やインテリアなどの繊維製品に様々な機能を導入することができれば，違和感なく色々なサービスを受けられることとなる。繊維自体をデバイス化し編織によって多機能化することによって繊維製品のIoT化が可能となる。本稿では，繊維の導電性化および編構造形成によるセンサー機能に関し概説する。

1.1　はじめに

従来型の堅いシリコンエレクトロニクスでは実現困難であった新たな価値を持つデバイスの創成が求められている。「伸縮できる」「折り曲げられる」「巻ける」「折りたためる」などの機械的な特徴をもつやわらかいデバイスが注目されている。やわらかいデバイスを実現するための材料としてナノ機能材料開発が盛んに行われており，印刷プロセス可能な有機半導体，フラーレンやカーボンナノチューブなどの特異的形態・物性を持つナノカーボン材料，無機ナノ粒子やワイヤなどの無機ナノ材料などが創出されている。さらに，蒸着やスパッタリングなどの真空プロセスを用いない低コスト・大面積化可能なプリンタブルプロセスも進化している。これらの材料とプロセスを用い，プラスティックフィルムやゴムシートなどが基板としてフレキシブルもしくは伸縮可能なディスプレイ・照明・RFIDタグ・太陽電池・バッテリーなどの試作が行われている。しかし，フィルムやシートは通気性がなく着用には適さない。

繊維（ファイバー）は細く長い一次元構造を持ち，編織によって多次元のテキスタイルとなる。古代からテキスタイルは衣服として我々の身体を守り・飾り・快適性を付与してきた[1)]。また，テキスタイルは温かみや柔らかな光の反射を与えるため，車両や住環境において我々が手に触れる多くの部分にテキスタイルが使われている。つまり，一次元状の繊維からなるテキスタイルは，最も違和感ない外環境とのインターフェースである。テキスタイル内にセンサ・アクチュエーター・通信などの機能を組み込むことができれば，衣服のみならず我々の身の回りの多くのモノのスマート化が可能となる。スマート化によって，テキスタイルに接していれば様々なサービスが受けられる社会が実現する。

繊維は紡糸・編織・縫製の一連のテキスタイル化プロセスによって通気性に富み着用に適したテキスタイルとすることができ，さらに用途に合わせた三次元曲面を作製することができる（図

＊　Mutsumi Kimura　信州大学　繊維学部　化学・材料学科　教授

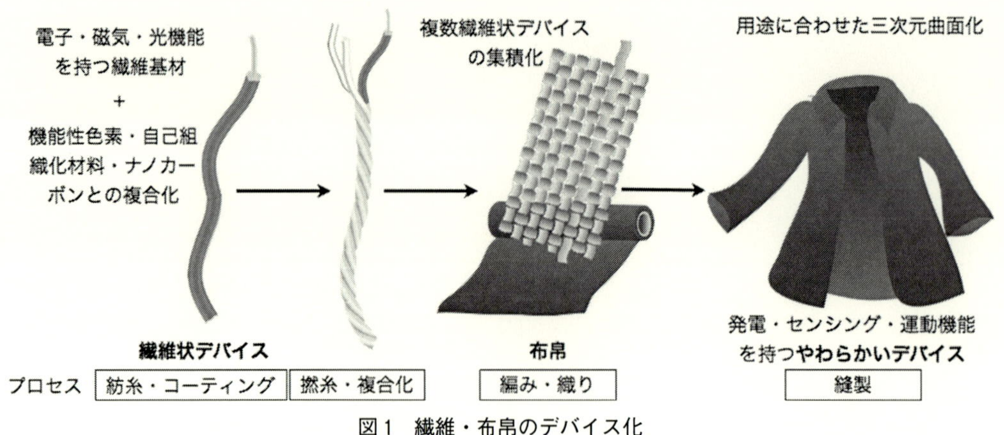

図1　繊維・布帛のデバイス化

1）。

ナノ材料および有機エレクトロニクスと繊維との融合および従来型のテキスタイル化技術利用による大面積・曲面化によって，日々着用する衣類および身の回りのインテリアを違和感なくスマート化することが可能となる。さらに，通信機能を付与すれば，人間活動や環境変動などの膨大な情報を収集し可視化することが可能となる。繊維製品をモノのインターネット（Internet of Things：IoT）の端末として利用できれば，新しいサービスの創造が可能となる。

1.2　有機導電性繊維の開発

テキスタイルプラットフォームによるIoTデバイスを実現するためには，電子・光・磁気機能を持つ軽くフレキシブルな繊維が必要となる。導電性を持つ繊維として，これまでに無電解メッキによる金属メッキ繊維，金属細線やカーボンを含む繊維，金属ナノ粒子を含む繊維などが開発されてきているが，導電性が低い，柔軟性に乏しい，機械的強度が弱いなどの欠点を持つ。ここでは，有機物である導電性高分子の繊維化および導電性繊維を電極とした布帛状心拍センサー開発を紹介する。

一般的な化学繊維の紡糸法として溶融紡糸と湿式紡糸法が使われている[2]。溶融紡糸は高分子の融点以上に加熱し，ノズルから押し出し空気中での冷却によって繊維化させる方法である。有機導電性高分子であるPEDOT：PSSの場合，加熱しても溶融しないことから溶融紡糸法による繊維化はできない（図2）。湿式紡糸法は，溶融紡糸法に比べ加熱温度も低く，溶媒に溶解すれば様々な高分子を繊維化することができる。しかしながら，連続的かつ安定な紡糸には高分子溶液の粘度・凝固浴中での溶媒の除去速度・凝固過程での高分子の結晶化制御手法が必要となる。さらに，紡糸条件によって得られるPEDOT：PSS繊維の導電性および機械的強度が大きく変化する。高分子溶液および紡糸プロセスの最適化によって，PEDOT：PSSを含むポリビニルアルコール溶液の湿式紡糸が可能であることを見いだした[3]。

そこで，布帛作製に必要な100gスケールの紡糸を可能とするため，パイロットスケールの湿

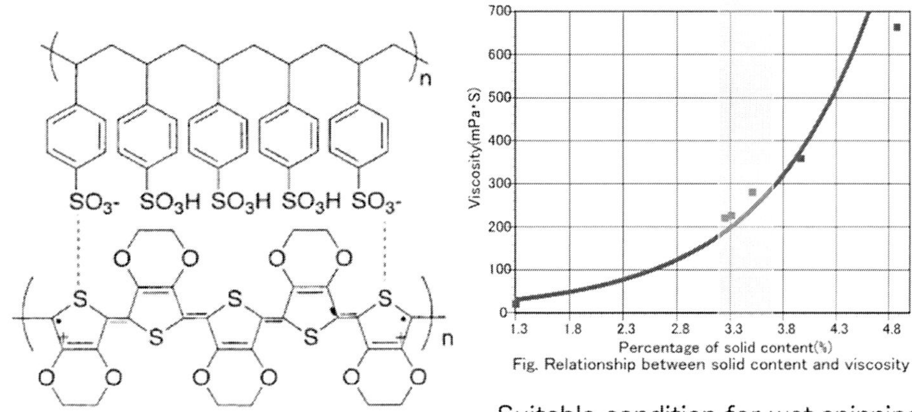

図2　左）PEDOT：PSSの化学構造　右）PEDOT：PSS濃度と粘度との関係
（3.2～3.7 wt%が湿式紡糸に最適な条件）

図3　パイロットスケール湿式紡糸装置

式紡糸装置を信州大学に導入した（図3）。パイロットスケールでの連続・安定紡糸のためには，高分子溶液粘度・温度・ノズル設計・凝固浴組成・紡糸速度・乾燥温度などの最適化が必要であり，企業出身者の指導のもと試行錯誤を繰り返した。その結果，導電性繊維の連続・均質紡糸に成功し，数時間で100 g程度の導電性繊維を得ることのできる条件を確立することができた（図4）。

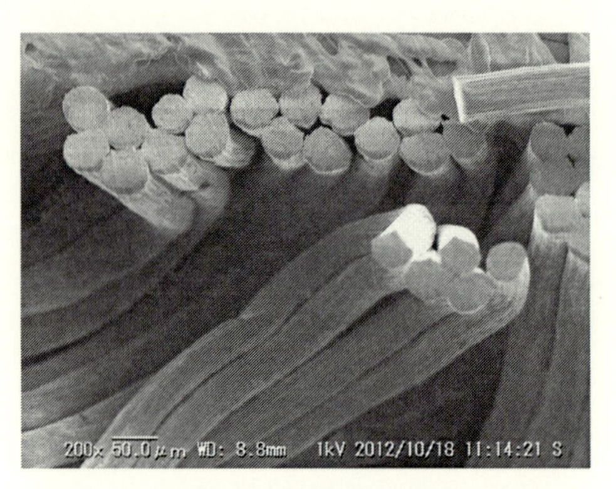

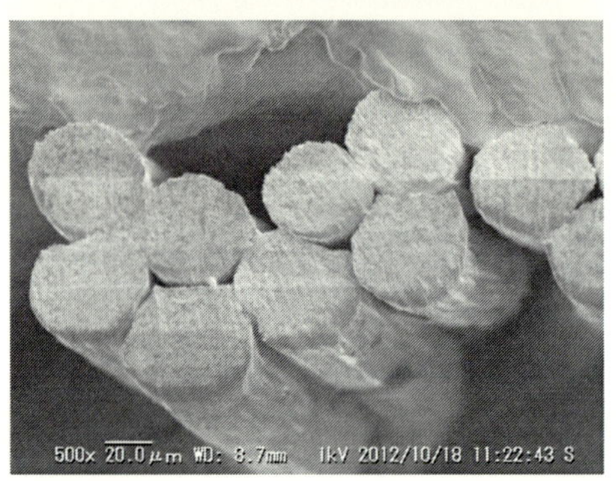

図４　湿式紡糸法によって紡糸したPEDOT：PSS繊維

1.3　有機導電性繊維の布帛化

ポリビニルアルコールと導電性高分子の複合化よって，繊維のパイロットスケールでの紡糸が可能となると同時に，繊維の機械的強度の大幅な改善が得られた。繊維を編織によって布帛化する場合，繊維自身の強度とともに伸び率が重要となる。編機を用いた編み地の試作に適した繊維への柔軟性の付与のための繊維処理プロセスに関し検討を行った。高沸点なグリセリンへの浸漬によって，繊維の柔軟性は向上し編機での試作が可能となった。インテリアへの展開を見据え，導電性繊維を含むクッション性のあるスペーサーファブリックの試作を行った。スペーサーファブリックとは，２枚の編み地の間につなぎの糸としてモノフィラメントを用いた弾力・厚みのある生地である。企業との共同研究により，導電性繊維を含むスペーサーファブリック用編機を開発した（図５）。図６に導電性繊維を含むスペーサーファブリックの写真を示す。スペーサーファブリックの表面に，幅３cmの導電性繊維からなるストライプを導入した（黒色の部分が有機導電性繊維）。下着などの編み構造を形成するには，編み構造の高密度化が必要となる。ここで示した有機導電性繊維は，繊維径が太いため密度の高い編み地は作ることができない。そこで，現在繊維の細径化および柔軟性の向上に関し研究開発を継続している。

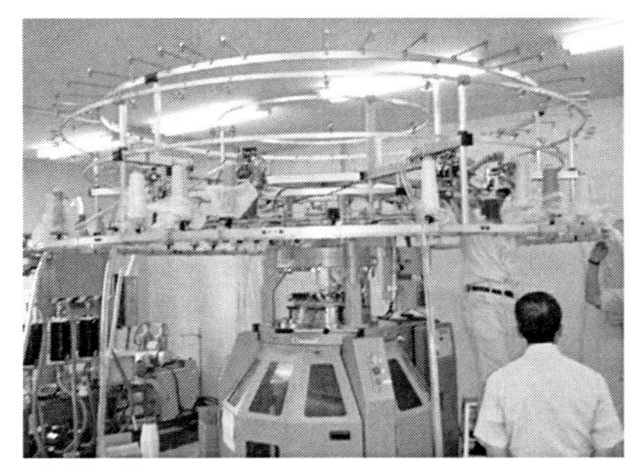

図5 スペーサーファブリック用丸編機
（左：拡大写真，右：全体）

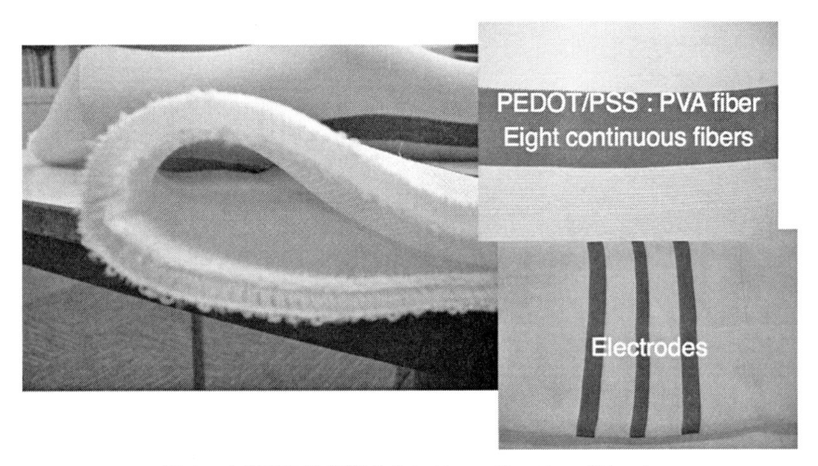

図6 有機導電性繊維を含むスペーサーファブリック

1.4 有機導電性繊維を電極とした生体信号センシング

導電性繊維を布帛化し，布帛上の電極を試作した。布帛状電極に両手をのせるだけで，心拍数と周期を測定できた（図7）。導電性繊維を衣類やインテリアの中に導入することによって，いつでもどこでも健康状態をモニタすることが可能となる。

有機導電性繊維でセンシングした心拍情報をワイヤレスで通信を行い，心拍情報をパソコン上で可視化および集積化するデモンストレーションを行った（図8）。有機導電性繊維を含むニットを手で握るもしくはサポーターのように腕に着用することによって，着用者の心拍数をモニタリングできた。

導電性高分子であるPEDOT：PSSを繊維化することが可能となり，また複合化および繊維内ナノ構造制御によって機械的強度の向上が可能となった。また，有機導電性繊維からなるテキスタイルは洗濯することが可能である。

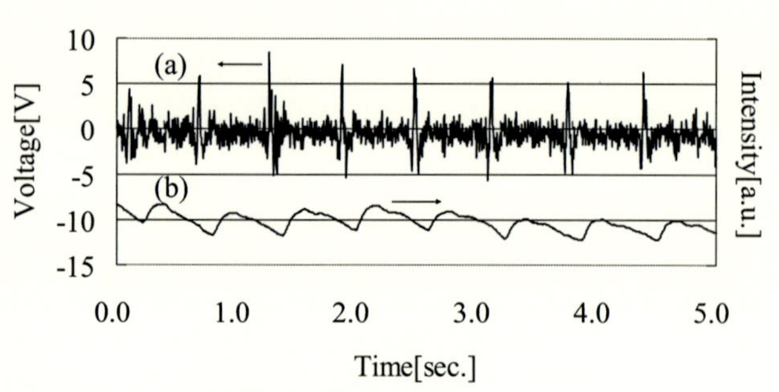

図7　導電性繊維を用いた布帛上電極（左）と布帛上電極を用いた心拍センシング（右）

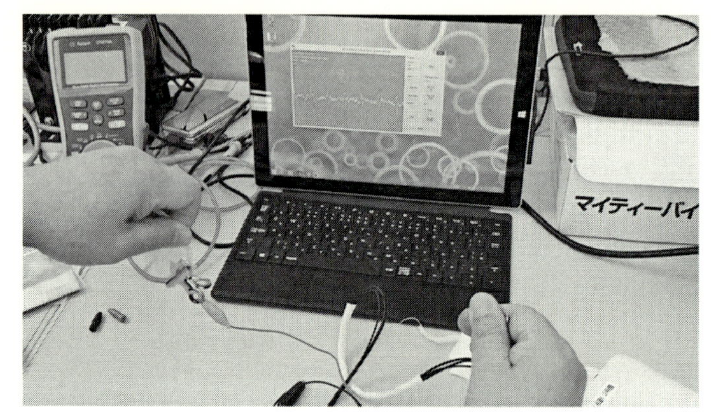

図8　ワイヤレス心拍モニタ

1.5　まとめ

テキスタイル内にデバイスを組み込むための加工技術およびデバイスを駆動するための電源が重要な課題となるとともに，テキスタイル形成のための編織機の高性能化も必要となる。アメリカでは，Revolutionary Fiber and Textiles Manufacturing Innovation Institute（RFT-MII）を立ち上げ，分野融合による革新的な繊維・テキスタイルの研究開発を始めた（図９）[6]。1960～80年代に合成繊維の開発で培われた繊維およびテキスタイル技術は，技術者の高齢化および生産拠点の海外展開によって失われつつあり，新たなテキスタイルプラットフォームによるイノベーション創発のために目を向け新たなコンセプトのもと活用しなければならない。

Advanced Functional Fabrics of America 

高機能性繊維およびテキスタイルイノベーションを創発しアメリカの製造業を強化する！

AFFOAはNational Network of Manufacturing Innovation (NNMI) Institutesの一つとして2016年４月にMITに中に設立された（5年間のプロジェクト　総予算額$317 million そのうち$75 millionは連邦、 $242 millionはDepartment of Defense, 産業界, ベンチャーキャピタル,大学,NPO, マサチューセッツ州を含む州から）

リーダー：　Prof. Yoel Fink (Director of MIT's Research Laboratory of Electronics (RLE))

32大学＋16産業界メンバー＋72製造企業＋26ベンチャー＋プエルトリコを含む27 州

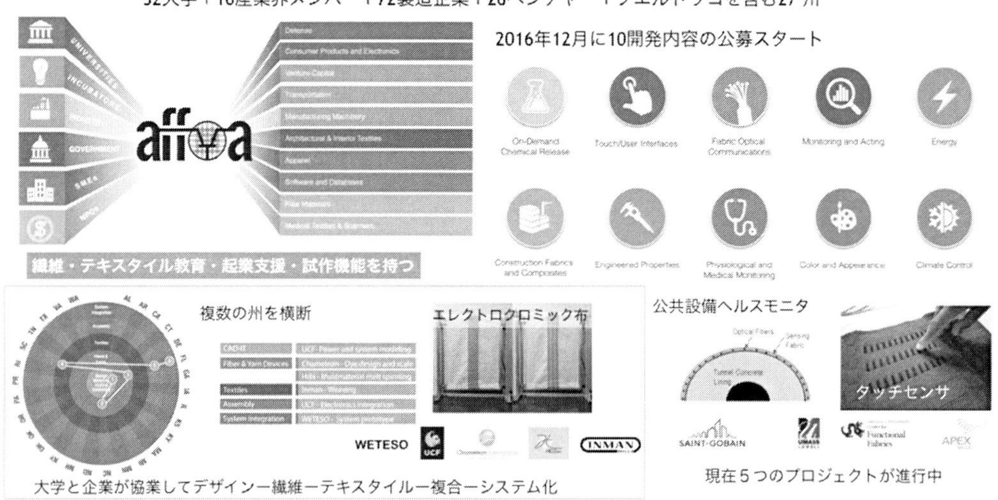

図９　アメリカの革新テキスタイルプロジェクト（affoa）

文　　献

1)　篠原昭，白井汪芳，近田淳雄，ニューファイバーサイエンス，培風館（1990）
2)　繊維学会編，最新の紡糸技術，高分子刊行会（1992）
3)　三浦宏明，諸星勝己，岡田順，林榜佳，木村睦，繊維学会誌，**66**，280（2010）
4)　H. Miura, Y. Fukuyama, T. Sunda, B. Lin, J. Zhoh, J. Takizawa, A. Ohmori, M. Kimura, Advanced Engineering Materials, **16**, 550 (2014)
5)　三浦宏明，寸田剛司，木村睦，電気学会論文誌，**135**，948（2015）
6)　http://www.manufacturing.gov/rft-mii.html

2　機能素材 hitoe® の開発及び実用化

浅井直希*

2.1　はじめに

ICT（Information and Communication Technology）の進化はICT端末の変化に最も象徴され，なかでも腕や頭部等の身体に装着して利用するウェアラブルデバイスが注目されている。このデバイスは搭載されたセンサーを通じて装着者の生体情報を取得・送信し，クラウド上で解析しフィードバックすることで，ヘルスケア等の様々な分野での活用が期待されている。また健康志向の高まりに従い，それぞれの活動における自身の生体情報をモニタリングし，健康状態の把握や生活習慣の改善，スポーツ等におけるパフォーマンス向上に役立てたいというニーズが増している。

hitoe® は，最先端繊維であるナノファイバーに導電性樹脂を特殊コーティングし，生体信号を検出できる機能素材であり，肌へのフィット性や通気性を兼ね備え，この素材を使用したウェアを着用するだけで，日常生活における心拍数等の生体情報を快適かつ簡単に計測できる（図1）。本稿では，hitoe® の開発背景と実用化状況について紹介する[1]。

2.2　hitoe® 開発の背景

近年の高齢化社会において，疾病の早期発見・早期治療の必要性が増加してきている。なかでも，心臓発作等の突然死や重篤な健康障害に対するリスクを軽減するために，心拍数等の生体情報の日常モニタリングへの関心は非常に高い。厚生労働省「平成29年（2017）患者調査の概況」の報告によると，日本の心疾患の患者数は，高血圧性疾患を加えると1,160万人にも及んでいる。また，米国では心疾患による死亡数は毎年60万人を数え，冠状動脈不全による心疾患が主な要因とされている。

図1　最先端スマートセンシングファブリック hitoe®

＊　Naoki Asai　東レ㈱　テキスタイル・機能資材開発センター　第1開発室　室員

また，30〜40歳代の働き盛り世代においては，現代社会では職場や家庭で過大なストレスを受けるケースも少なくない。そのため心拍や心電波形の日常的なモニタリングを通じて，体や心の状態を把握することは，健康維持のために有効である。しかしながら，従来の心電図用の医療用電極では，電解質ペーストを用いて皮膚に粘着させて計測するため装着感が悪く，かぶれやかゆみの原因にもなるため，長時間の連続使用には不向きであった。

また，最近では，健康への意識の高まりとともに，ランニング中等エクササイズ中に身体負荷を計測するため，活量計，心拍計等を装着して運動する人が多くなってきている。しかしながら，これらに用いられる電極部分は，皮膚との接触が不安定でノイズが大きい，ゴムベルト等で皮膚に強く圧迫固定する必要がある，発汗による電極部・ベルト部でのかぶれが生じる等，長時間の装着と安定的なデータ取得には種々の問題があった。このように，ウェアラブルデバイスに使用する生体電極には装着感が快適で，電解質ペーストを使用せず，長時間安定した生体信号を記録できるツールが求められていた。

2.3　hitoe® の誕生

このような背景から，ウェアラブルデバイスに使用する生体電極の導電性物質として生体適合性が高く，導電性に優れる高分子PEDOT-PSS（ポリエチレンジオキシチオフェン-ポリスチレンスルホン酸）に着目し，肌への密着性を確保する電極素材や，肌への保湿方法の最適化による最先端スマートセンシングファブリック hitoe® の開発に至った。

hitoe® の基材には，約700 nmの均一な繊維径を有する最先端繊維素材ナノファイバーを用いている（図2）。ナノファイバーの生地は，超極細繊維から形成される無数の間隙を有する。その繊維間隙に特殊コーティング技術でPEDOT-PSS分散体を高含浸して導電性樹脂の連続層を形成させ，生体信号の高感度な検出と優れた耐久性を実現している。また，人体センシングに適したインターフェースを設計するため，人体への密着性がよく，計測に適した生体電極の配置，

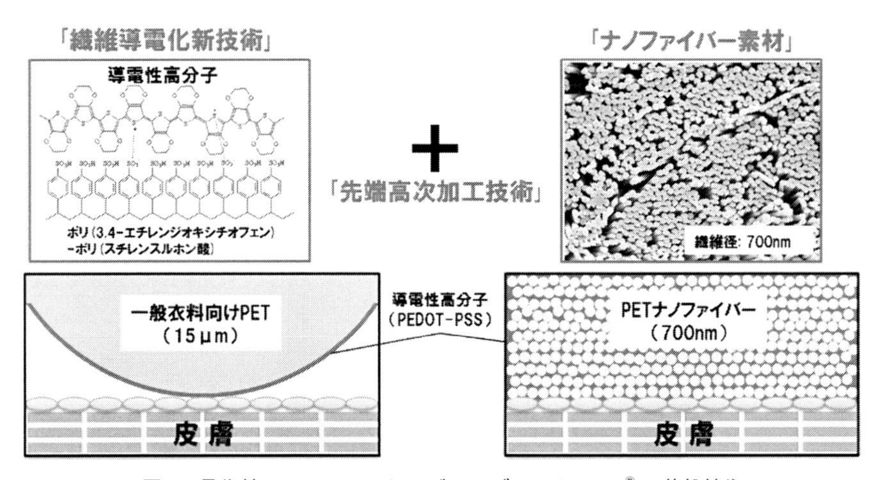

図2　最先端スマートセンシングファブリック hitoe® の基盤技術

締め付け感を極力抑えた着圧の制御，衣料一体化に適したhitoe®との相性が良い配線材料，発汗や雨等による短絡防止構造，ノイズ低減と少ない装着違和感を両立したコネクタ配置等，必要要素を高度な革新技術で統合した。

hitoe®を装着する衣料には，体型差をカバーするため，着用者のサイズが多少異なってもほぼ一定の着圧が得られるように，着圧制御設計技術を活かしたストレッチ素材を使用している。低張力で生地の伸縮率が高く，回復時のたるみが小さい素材を用いることで，伸縮率が変化した時に張力変化が少なく，フィット感が保たれる。さらに，配線もストレッチ性を損なわないような縫製技術やストレッチ性のある絶縁性材料を採用している。これらの技術の融合により，hitoe®ウェアはインナーとしてフィット性を確保しつつ体型差をカバーし，快適で安定した生体信号の取得を実現した。

2.4 hitoe®の実用化

hitoe®の実用化は大別すると，

① スポーツウェア

② 作業者安全管理ウェア

③ メディカル／健康モニタリングウェア

に区分され，用途別に協業先と連携して実用化を進めている。

2.4.1 スポーツウェア

スポーツウェア向けhitoe®は，スポーツ時の心拍をリアルタイムに測定することで，運動負荷，強度をモニタリングするデバイスである。そのため，運動時の発汗によりウェアが湿潤しても正確な測定ができることが重要な特性となる。商品化の一例としてC3fit® IN-pulse（hitoe®装着ウェア型心拍測定デバイス（図3））の販売，運動支援型アプリとの組み合わせにより，ランナー向けのサービスを開始している。ランナー向け以外では各種チームスポーツへの応用等を検討しており，順次市場に展開していく予定である。

2.4.2 作業者安全管理ウェア

hitoe®の体調モニタリング機能を活用し，危険作業従事者や長距離バス・トラック運転手，夜間の一人作業者等の労務管理ツール，作業中の事故を予防する安全管理用ウェアとしての展開を進めている。作業の妨げとならないよう電極取り付け部分と，身生地の素材を変更する等の工夫がされたウェア，トランスミッター（図4左），サービス概要（図4右）を示す[2)]。

2015年春から本サービスを開始し，建設業等の複数の現場において実証実験を進めており，本サービスは，作業者の心拍数や加速度等データの蓄積・解析により普段と違う体調不良の兆候を検知し，知らせることで，未然に事故を防止することを主眼としている。今後，データの取得・解析を重ね，より精度の高い，有用性に優れたシステム構築を目指していく。

2.4.3 メディカル／健康モニタリングウェア

hitoe®の優れた心電図測定能を活用し，長期間の心電図測定を目指した医療機器の認可を得た

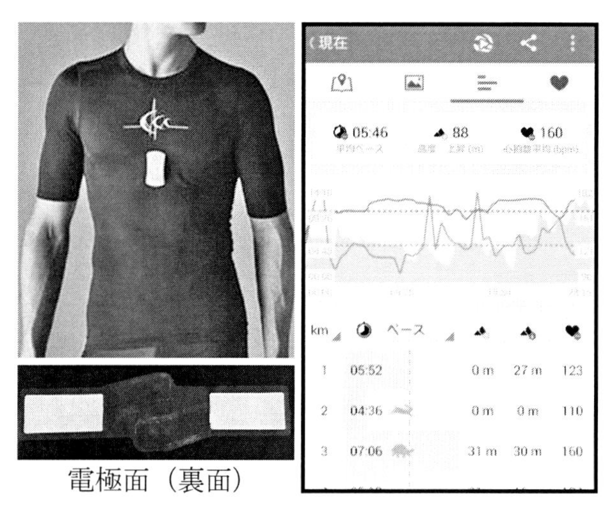

図3　C3fit® IN-pulse 外観とアプリ表示例

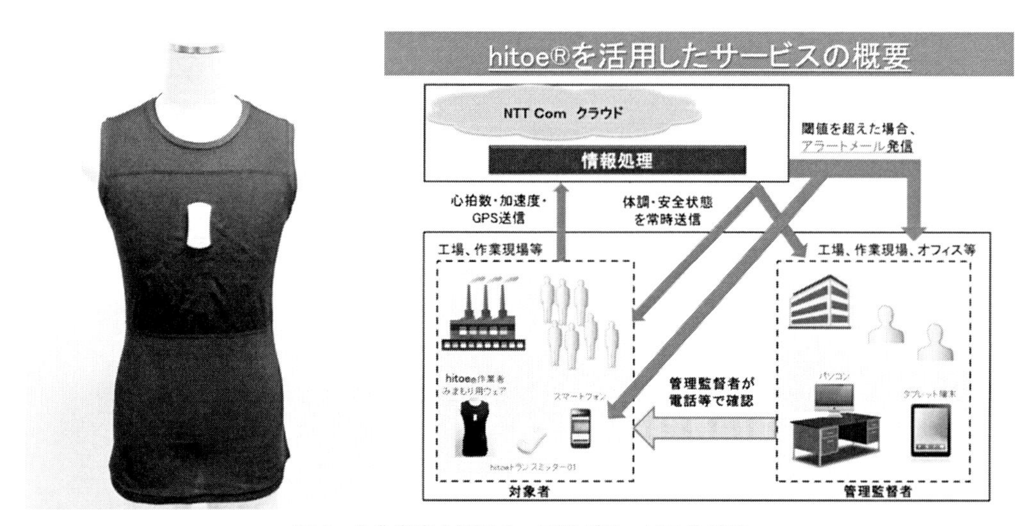

図4　作業者安全管理ウェア及びサービスの概要

hitoe® ウェアラブル心電図測定システム[3]の販売を2018年9月から開始した。本システムは，メディカル電極，メディカルリード線に加え専用ウェアを新たに設計し，また，長時間心電図記録器，心電解析ソフトウェアと組み合わせることでユーザビリティーの高いウェアラブル心電図測定システムとしている（図5）。

メディカル電極は，スナップホックボタンの高導電化，また，メディカルリード線には銀メッキナイロン糸を使用した専用リード線を使用し，ウェアとの一体化を図った。専用ウェアには，スポーツウェアにも用いられる伸縮生地を採用し，面ファスナー採用による着圧調整機構により，1人ひとりの体形に左右されることなく，適切な電極位置と密着性を得ることができる設計とした。これらを専用の長時間心電図記録器と組み合わせることで最長14日間の長期心電図検

hitoe® を活用したウェアラブル心電図測定システム

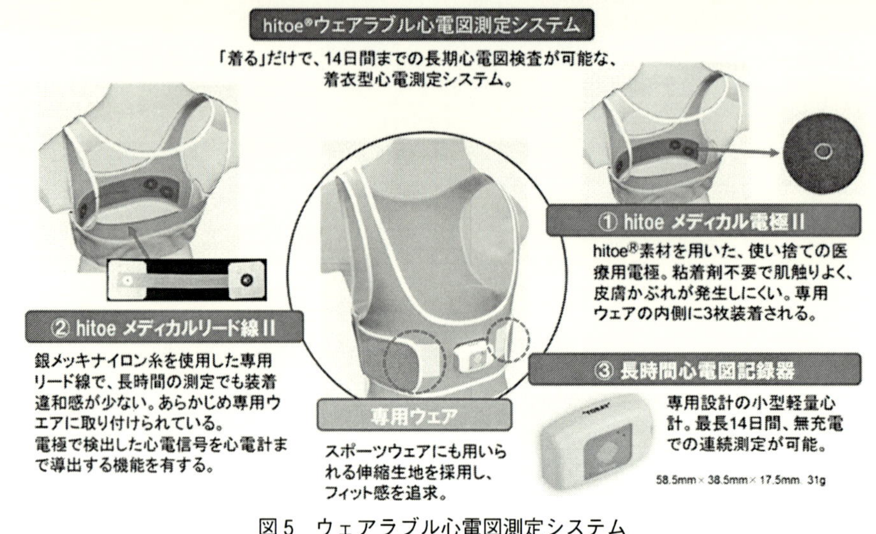

図 5　ウェアラブル心電図測定システム

査が可能となる。

本システムは，より精緻な不整脈検知のための長期心電図検査に利用できる。最もよく見られる不整脈の一種である心房細動の国内患者数は 100 万人を超えると推定され，高齢化に伴ってさらに増加すると見られている[4]。病気の初期では症状が間欠的に起こることが多く，発作性心房細動と呼ばれている。近年の研究では，発作性心房細動の検知率は心電図を長く測定するほど高くなることが知られている[5,6]。主流となる心電検査は連続 24 時間の心電記録が一般的であり，その検知率は 2～5% 程度にとどまる。測定時間が長くなると検知率も高くなり，30 日間の長期測定では検知率が 10～20% 程度になると報告されており，本システムの導入により心房細動の早期発見に貢献できると考えている。

2.5　まとめと今後の展開

hitoe® を装着したウェアは，着るだけで心拍数等の生体情報を快適かつ簡単に計測できる，まさに真の“ウェアラブル”デバイスである。hitoe® 装着ウェアによる心電波形モニタリングは，疾病の早期発見・早期治療につながる医療サポート媒体として活用できると考えられ，将来の医療 ICT のキーデバイスとしての可能性を秘めている。今後，新たなウェアラブル機器やスマートフォン等の携帯端末，さらなる ICT との融合により，新しい付加価値のあるサービスを実現し，医療から健康増進・スポーツ・エンターテイメント等に至るまで，幅広い分野で活用されることを期待している。

文　　献

1)　塚田信吾ほか，繊維製品消費科学，**56**(8)，18 (2015)
2)　東レ HP，2016. 08. 25 News より抜粋
3)　東レ HP，2018. 09. 25 News より抜粋
4)　心房細動週間ウェブサイト　HP より抜粋
5)　Jelle Demeestere *et al., J. Am. Heart Assoc.*, **5**(9), 2884 (2016)
6)　David J. Gladstone *et al., N. Engl. J. Med.*, **370**, 2467 (2014)

3 「心電計測布」の開発と実用化

黒田知宏*

3.1 テクノセンサー® ER

筆者らは，救急車内でのプレホスピタル 12 誘導心電図伝送[1]への適用を主たる目的とした一般医療機器（単回使用心電用電極），テクノセンサー® ER（図 1）を開発し，2018 年に上市した[2]。テクノセンサー® ER は，西陣織の製織技術を活用し，銀鍍金糸 AGposs® を核とする導電糸を用いて四肢電極・胸部電極と導線を描出した e-Textile で，電極部には接着材の役割も果たす導電性ゲルパッチが貼り付けられている。ユーザは正中線と腋下か乳房下にあわせて胸部にテクノセンサー® ER を貼り付け，体側に現れた記号にしたがって，切替器で体のサイズ（S・M・L・LL）を選択するだけで，適切な位置に配された電極群から Mason-Likar 誘導法で 12 誘導心電図を計測することができる[3]。心電計測に長けた専門家でなくとも簡便に適切な 12 誘導心電が計測可能であることから，救急救命士による救急搬送前の 12 誘導心電計測，伝送を促進するものと期待されている。

テクノセンサー® ER は，医療情報学・生体医工学研究者，救急・循環器医学臨床家，繊維産業関係者という，全く違った背景を持つ者が集まって開発された，産学連携の賜である。ウェアラブルコンピュータや e-Textile の研究開発は，多くの研究・開発事例があるものの，商品化に辿りついた事例は多くない。特に，心電計測用 e-Textile は，最も容易に開発できる e-Textile であって，多くの開発事例があったわりには，市場投入に至った事例はほぼ見当たらない。それはなぜなのだろうか。

筆者らはテクノセンサー® ER の上市まで，着想から 12 年の歳月をかけた。先行プロジェクト着手からは実に 22 年の長きにわたる産学共同研究である。その間多くのことを経験し，失敗をいくつも体験することとなった。産学連携研究は，成功すれば極めて楽しい経験を与えてくれるが，実は落とし穴だらけの茨の道である。

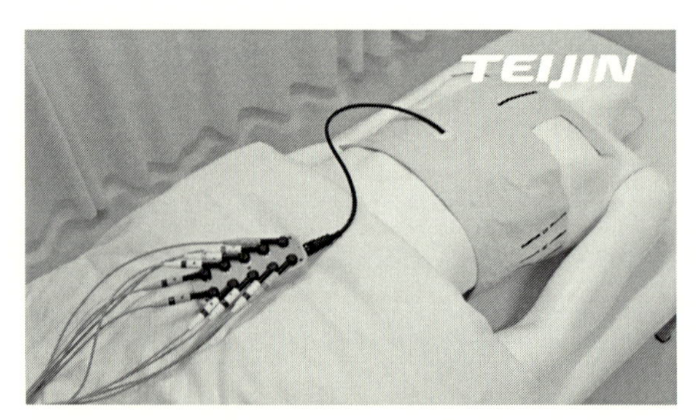

図 1　テクノセンサー® ER

＊ Tomohiro Kuroda　京都大学　医学部附属病院　医療情報企画部　教授

本稿では，e-Textile 開発・研究者に産学連携による商品開発の進め方の参考事例として頂く目的で，テクノセンサー® ER 開発の経緯を記す。なお，本稿執筆の時点では，テクノセンサー® ER は上市したばかりの状況であり，市場に受け入れられるかどうかは未だ不明であることは，予め記しておく。

3.2　遠慮したら負け

筆者が大学院に進学した 1990 年代は，丁度 VR（Virtual Reality：仮想現実感）ブームの只中にあり，ご多分に漏れず筆者も VR 研究に従事した。対象としたのは「手話」で，モーションキャプチャ[4]技術を活用して身振りを取得し，これを遠隔地に送付してアバターと呼ばれるコンピュータグラフィクスで描かれた人形（CG 人形）を動かして，遠隔地に手話を伝送するシステム，手話電話 S-TEL（図２）を開発した[5]。

1990 年代は同時に，ベンチャーブームが加熱した時期でもあった。筆者が進学した NAIST（奈良先端科学技術大学院大学）は，新設国立大学であったこともあり，学生に積極的に産学連携の場に出ることを勧め，展示会やベンチャーキャピタル（VC）の主催する産学交流イベントへの出席を求めた。その中で，ある VC が S-TEL に強い興味を示し，その構成要素であるモーションキャプチャ装置のうち，当時特に高価であったデータグローブと呼ばれる手袋型の手の動きの計測装置の商品化を行うこととなった。

開発は科学技術振興事業団（JST）のベンチャー支援予算を活用して行われ，VC の推薦する都内のセンサー開発企業と共同して行われた。計測機構等[6]は比較的簡単に設計・実現できたものの，実際に手袋の形にすると巧くユーザの手にフィットせず，正確な計測が行えない。「糸偏企業」との協業なくして，ものづくりは完遂しない。

筆者は，「西陣の織屋の息子」である。「立っている者は親でも使え」と言われるが，幼少時からの親を通しての付き合いの中で多くの糸偏企業に多くの知己がいた。そこで，知己の一人に特殊手袋製造に知見のある企業を紹介していただき，協力を依頼した。開発した最終製品 StrinGlove™（図３）は，最終的にそのメーカから販売されるに至った[7]。

「遠慮したら負け」は，指導教授の薫陶のもとで身につけた，筆者の座右の銘であり，行動原

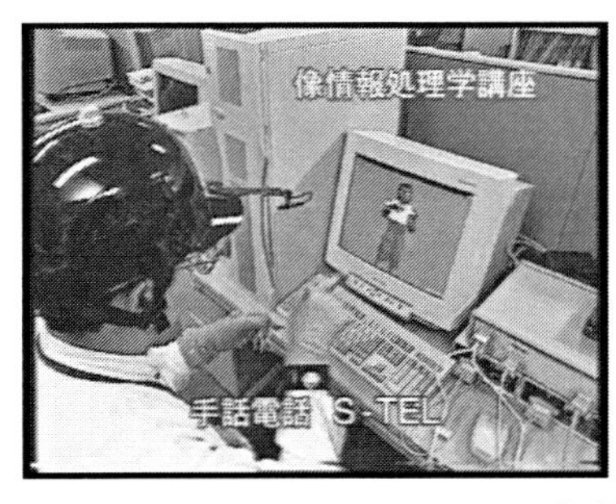

図２　手話電話 S-TEL

図3　StrinGlove™

理でもある。全ての事業がそうであるように，産学連携事業を成功に導くために，重要なキーワードである。

3.3　西陣織という素材

StrinGlove™ の上市を受け，次の産学連携プロジェクトを立ちあげる話が持ち上がった。丁度「地場産業の活性化」が人口に膾炙した時期でもあり，「西陣織を使って何かできないか」と考え，e-Textile 製造を目指すこととした。

西陣織は，先染織を特長とする伝統的な織物であるとともに，明治５年に発明さればかりのジャガード式織機をフランスから輸入・導入して工業化に成功し，急速に発展した初期の工業製品である。明治期に確立された問屋制手工業に基づく産業形態が今も受け継がれ，多品種少量生産に適した生産プロセスが維持されている。

機械製織の先染織は，導電糸と非導電糸を用いて回路や電極を布帛上に描出するのに最も適している。加えて，多品種少量生産に適した生産プロセスは，試作と最終製品を同じ生産プロセス上で実現できることを意味し，丁度，電気回路設計を繰り返す半導体開発・電子基板開発プロセスと類似した生産システムを実現できることになる。

筆者は早速西陣織工業組合（西工）に研究協力を申し入れ，e-Textile 製造研究に着手した[8]。西工から担当者として人間国宝級の綴織職人である平野喜久夫先生（図４）を紹介されたことは大変な幸運であった。西陣織に関する筆者らの誤解を早々に修正して下さり，手織と機械織を使い分ける方法と適用可能な技術をほぼ瞬時に見立てて，プロジェクトを成功に導いて下さった。素人の徒手空拳ではなく，最初からその道のプロを中心にプロジェクト遂行したことが，成功の鍵であったように思う。やはり，「遠慮したら負け」である。

3.4　医療現場の夢と現実

3.4.1　利用用途の問題

歴史的に，e-Textile 開発は心電計測布からはじまる。現在も多くの企業が心電計測布を開発

図4　平野喜久夫先生[9)]

し，そこにモーションキャプチャの要素を加えて，健康支援器具として上市している。筆者らの研究も，心電計測布（図5）から始まった。

筆者は2001年以来，大学附属病院の情報管理業務に携わっている。本研究においても，遠慮することなく，多くの循環期内科医とe-Textileの可能性について多くの議論を行った。多くの医師が共通に指摘したのは，不整脈患者の在宅での長時間精密心電計測への適用の可能性である。曰く，不整脈を訴える患者は多いものの，現在保険収載されている48時間ホルタ心電検査では現象が計測できない場合が極めて多いので，長時間精密に計測できる家庭用センサが必要である，というものである。家庭での長期間精密計測を可能するにはユーザ自身が簡便に着脱できる衣服型センサが望まれる。本研究でも，当初はこれを開発目標とした。

しかし，このような「新規の用途」は，一見良いように見えるものの，新医療行為そのものを切り拓く必要があるため，上市を視野に入れたときには分が悪い。本邦の保険制度の中で新しい医療行為に診療報酬を得るためには，その新しい医療が治療成績の向上に資することを示す証左

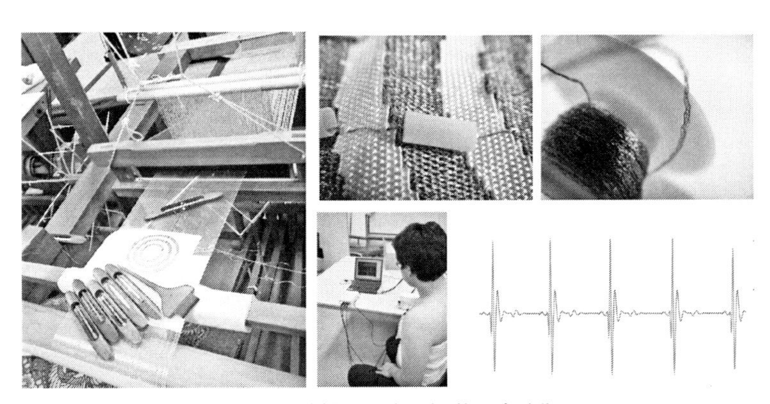

図5　西陣織心電計測布 第一次試作

（エビデンス）が必要である。エビデンスを得るためには，RCT（Randomized Control Study）等で，一定数以上の症例を獲得する必要があり，機器を開発しながら行うにはハードルが高い。結果，診療報酬が獲得できるとは限らない。企業にとってはリスクが大き過ぎる。

一方，健康・スポーツ分野を対象に開発が行われる事例も少なくない。しかし，保険医療制度が発達した国々では，健康増進に対するインセンティブが充分働かず，市場性が見込めない。加えて，予防やリハビリの中には医療との境界が必ずしも明確でなく，医療機器として販売されていない機器を用いることに一定のリスクを伴う場合がある。したがって，医療・介護現場に複数の選択肢がある場合には，医療機器でないものの利用が忌避される場合も少なくない。

したがって，一定の市場性のある機器を実現する現実的なアプローチは，現行の診療報酬制度のもとで行われている医療の効率化を通じて質の改善を目指す医療機器を目指すことであろうと考えられる。

3.4.2 機能面の問題

機器開発において，研究者や開発者が高性能な機器の実現を目指すのは当然である。

心電計測用布 e-Textile の場合は，電極表面にゲルの塗布を必要としない乾式電極化と，複数回の使用を可能にすることが主たる要求であると考えられている。筆者らも例に漏れず，これらの研究開発に当初注力した。しかし，多くの研究者が開発に挑戦しているということは，長らく認識されていた問題でありながら，技術的には開発が困難であることを意味する。一研究者として取り組むには興味深くはあるが，市場での活用を考えると，ある条件下で問題を解決しても，製品としての機能を保証し，利用者に新しいサービスを提供することは困難である。加えて，当該課題が当該製品固有の問題でないならば，既に現場は「運用で解決」する手段を持ち合わせていることも多い。詳細は割愛するが，心電計測用 e-Textile の場合も，ゲル付き単回使用心電用電極を，適切・適法に医療現場で複数回利用する運用は既に用意されており，周辺サービスを適切に設計・提供すれば，課題は自ずと解決される。製品自身に無理をさせる必要はない。

早々に重い課題解決を諦め，単回使用心電計測用電極として，テクノセンサー® ER を上市することによって，後に筆者らも当初想像すらしていなかった様々な新しい技術的課題を知ることになる[10]。これらの新しい課題は，実際にテクノセンサー® ER を使ってみて，具体的に活用法をイメージしてはじめて，現場の医療者が気づいた課題であった。

ながらく臨床現場に身を置いてきた工学研究者としての経験から，「現場にニーズはない，ただ運用があるのみである」は，医療機器の開発に臨む前に研究・開発者が胸に刻むべき金科玉条であると，筆者は考える。臨床家達は，今入手できるリソースを最大限活用し，目の前の患者のいのちを救うことに全力を捧げている。「こんなものがあれば良いのになぁ」と夢想している余裕はない。聞き取り調査で得られる誰もが気づくようなニーズは，たいてい別の方法で解決されている。本当の課題を顕在化させるためには，現場にシーズを投げ込む他ない。

3.5 テクノセンサー® ER 製品化への途

筆者らは，まず，乾式電極タイプの着用型（図6）試作を開発した。性能は申し分なかったものの，既に述べたように，在宅での長時間12誘導心電計測に対する現実的なニーズはなく，市場調査の結果，商品性はほとんどないだろうと考えられた。

一方，循環器内科医や救急医に，実際に試作品やビデオを見せながら相談を繰り返したところ，「これはプレホスピタル12誘導心電図伝送[1)]にこそ有効なのではないか？」との声を繰り返し聞くことになった。

心臓の筋肉自身に血液を供給する冠動脈がつまることで起こる虚血性心疾患では，つまった冠動脈を押し広げて血液を再度心筋に送り届ける「再還流」を，いかに早く実現するかが生死を分ける。実際，再還流時間（OBT：Onset to Balloon Time）が2時間を超えると，生存率は半分を割る。この時間を最小化するためには，虚血性心疾患であることをできるだけ早く把握し，風船やステントと呼ばれる金網を血管内カテーテルで挿入して冠動脈を押し広げる経皮的冠動脈形成術（PTCA：Percutaneous Transluminal Coronary Angioplasty，PCI：Percutaneous Coronary Intervention）を施術可能な医療機関に予め連絡し，患者が到着すると同時に再還流できるよう手術準備を整えて貰う必要がある。虚血性心疾患の診断には，12誘導心電図の専門医による確認が欠かせない。救急車の中で12誘導心電図をとり，インターネットなどを使って医療機関に送付するのが，プレホスピタル12誘導心電図伝送[1)]である。

プレホスピタル12誘導心電図伝送の普及には，12誘導心電図計測・伝送が可能な高規格救急車の普及と，たとえ救急救命士が12誘導心電計測のための電極配置に不案内であっても，ペタッと貼るだけで簡単に12誘導心電計測ができるe-Textileが欠かせない。プレホスピタル12誘導心電図伝送が，循環器医療・救急医療に携わる医療者の努力で徐々に広まりつつあったタイミングで，e-Textileという新たな医療機器を目にした専門医は，異口同音に「欠かせない」と言いはじめたわけである。

当初，救急車用に筆者らが開発したのは，巻き付け型（図7）の装置であった。研究に協力して下さった救急医らの想像では，予めストレッチャーに布を敷いておいて，患者を乗せてから巻けば簡単に装用できるはずだった。しかし，実際にやってみると，人間の体のサイズの違いを考

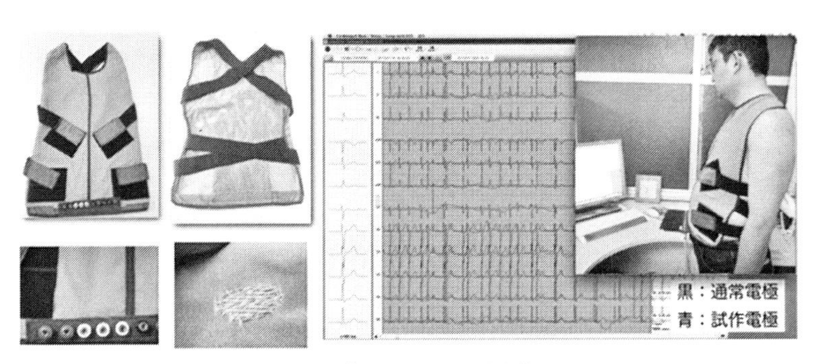

図6　着用型センサ試作機

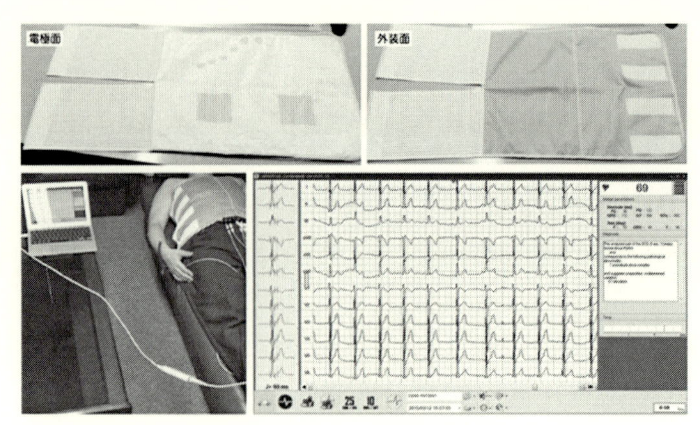

図7 巻き付け型試作機

慮して布をストレッチャー上にセットするのは至難の業である。さらに悪いことに一度敷いてしまうと，位置を直すためには患者を持ち上げなければならない。一刻を争う救急現場で使うには，この欠点は致命傷になる。

振り返って考えると，研究協力者の医師達も，乾式電極特有の「接触抵抗」の解決に頭をとられすぎていたように思われる。人体の表面から電気信号を取得する心電計測等の生体電気信号計測では，電極と肌との間に発生する電気抵抗が大きな計測の妨げになる。通常の心電計測では，接着部に水分を含んだクリームやゲルなどを塗ることでこの抵抗を下げている。水分を含んだクリームやゲルは電気を通しやすいばかりでなく，電極と皮膚の間にできる細かい隙間を埋め，空気という最大の抵抗を取り除いてくれる。液体を塗らない乾式電極でこの問題を解決するためには，発汗を期待しつつ，できるだけ電極を体表面に押し付け，空隙を小さくするほかない。ナノファイバー等が好んでe-Textileの電極部に用いられるのは，構造上空隙が小さくなることに加えて，耐表面上の少ない水分を吸いあげて，クリームが塗られたのと同じ効果を発揮することが期待されるからである。いずれにしても，電極を強く体表面に押し付けることが必要で，勢い「巻き付け式」にならざるを得ない。

患者をストレッチャーに寝かせ，救急車に収容してから電極をつけるという基本に立ち返ると，「上から貼り付ける」e-Textileを期待することになる。貼り付けるのであれば某かの接着手段が必要である。であるならば，電極部分に一定の接着力のあるゲルパッドを装備する方が，そもそもくっついて欲しい部分を直接貼り付けるのだから理に適っている。しかも，電極が「乾式」から「湿式」に変化することになり，既存医療機器と全く同一の構造を有する医療機器ができ上がる。一般に，医療機器の届け出・承認においては，先行品がある「改良医療機器」の方が，届け出の手間が少ない。医療機器として上市することも容易になり一石二鳥である。乾式電極でなくなることで，そのままでは複数回使用はできなくなるが，早く市場投入して多くのフィードバックを得られるという利点は，湿式化が引き起こす課題を覆して余りある。

斯くしてテクノセンサー® ERは，布側の面と人体側の面で接着力の異なるゲルパッドを全ての電極につけた，単回使用心電用電極として上市された。結果として，e-Textileの利点の内，「一枚の布に纏まっている」ことのみが製品の訴求力になり，複数回使用などの課題は運用で解決されることになった。あらゆるサイズの人体に対して同じ一枚の布を適用可能にし，サイズは「貼ってから印の指示に従ってあわせる」構造になったのは，「簡単な一枚の布」という利点を最大化するために他ならない。

このように，テクノセンサー® ERは，紆余曲折を経ながら，最終的に現場の求める形になって上市された。開発の紆余曲折は，筆者らが産学連携・医工連携で社会にものを出すために必要なことがらを学ぶプロセスそのものでもあった。研究者の思いつきや，臨床家の想いを形にするプロセスは，決して平坦でまっすぐな途ではない。

3.6　テクノセンサー®のこれから

テクノセンサー® ERの上市によって，実に様々なフィードバックをいただくことになった。その中には，現場の医療者が考え出した，当初筆者らには全く想像できなかったような利用法に基づく，新たなニーズも含まれている。現場にニーズはない，ただ運用があるのみである。ニーズは最初からそこに存在するのではなく，運用を通じて生まれる。産まれたニーズに丁寧に答えてニーズの本質を丹念に見極めつつ，そのニーズの一般性と市場性を冷静に評価して，真に医療現場が求める「もの」と「こと」を供給したいと考える。

併せて，テクノセンサー®開発を通じて，プロジェクト開始当初に考えた「西陣織で何かする」ことは，「西陣をe-Textileの試作・製造ファブにする」という形で結実しつつある。数多くの事例があるわけではないが，既に筆者の手を離れ，他の研究者達からもe-Textile研究にかかる試作の申し出を頂きつつある。筆者らのグループでも，睡眠評価のための筋電計測ソックス（図8）など，幾つかの研究開発が進んでいる[11,12]。これらの中から，本邦の医療をも変えるような，新たな医療機器や，医療と全く関係ない分野でのe-Textile製品が出現すればこれに勝る幸せは

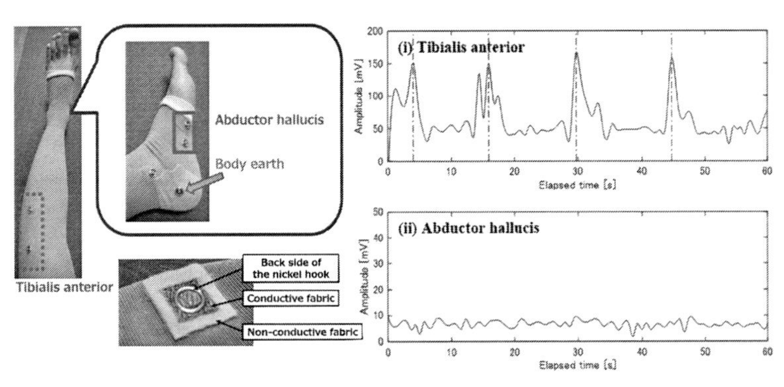

図8　睡眠時筋電計測用靴下

ない。

最後に，心電計測布開発当初に多くの循環器内科医が求めた「家庭用心電計測」という新たな医療の可能性を探ることを，筆者はあきらめたわけではない。より早期に疾患を見つけ出し，その症状が顕在化する前に治療介入を行うことで，発症リスクを下げて患者のQOLと医療費の上昇を同時に防ぐ「先制医療」[13]は，データサイエンスとICTが発達したこれからの医療のトレンドになることが期待される分野である。医療現場の「今」に徹底的に寄り添うことで，e-Textileという新しい医療機器を医療現場に組み込むことは，テクノセンサー® ERの上市によって，一応達成された。これを足がかりに新しい医療を創り上げていくのは，正にこれからである。

謝辞

本研究は，科学技術振興機構 地域イノベーション創出総合支援事業シーズ発掘試験（2007年～2008年），及び，京都高度技術研究所 医工連携事業化促進事業（2014年）の支援を受けた。また，先行研究では，科学技術振興事業団 研究成果展開事業 独創モデル化（2003年）の支援を受けた。

一連の研究開発を通じて，製品化を一緒に進めてくださった帝人フロンティア・帝健・三匠工房の皆さま，医療者の立場から様々なご意見を下さった12誘導心電図伝送を考える会の皆さまをはじめ，実に様々な団体・個人の皆さまからのご支援を頂いた。全ての皆様方を記すことはできないが，そのお一人お一人に心から感謝申し上げる。

文　　献

1） 菊池，野々木，プレホスピタルでの12誘導心電図伝送システムの活用，日本臨床麻酔学会誌，**34**(1)，133-8（2014）
2） 黒田，上島，平野ほか，西陣織技術を活用した救急用12誘導心電計測布『テクノセンサーER』の開発，日本繊維機械学会年次大会（2018）
3） T. Kuroda, K. Shiomi, K. Ueshima *et al.*, Development and Evaluation of an e-Textile for 12-lead ECG: TECHO-SENSOR ER., *Advanced Biomedical Engineering*（2019）under review
4） 中澤，知っておきたいキーワード モーションキャプチャ，映像情報メディア学会誌，**63**(9)，1224-7（2009）
5） 黒田，佐藤，千原，アバター型手話伝送システムS-TELの構築，日本バーチャルリアリティ学会論文誌，**3**(2)，41-6（1998）
6） 後藤，黒田，インテリジェント型手袋型手形入力装置，特許第4332254号（1999）
7） 生田，後藤，對馬ほか，インテリジェント手袋型センサStrinGlove.，日本バーチャルリアリティ学会誌，**12**(2)，50-1（2007）
8） 黒田，中村，南部，伝統的織物技術のe-Textileへの適用 ―西陣織プロジェクト，せんい，

64(7)，417-20（2011）
9) 西陣爪掻本綴織 綴織技術保存会 奏絲綴苑，https://www.soushitsuzureen.com/，（最終アクセス：2019年5月5日）
10) 黒田，上島，スマートテキスタイルへのニーズと解法，繊維機械学会大会予稿集，118（2019）
11) K. Eguchi, M. Nambu, K. Ueshima, T. Kuroda, Prototyping Smart Wearable Socks for Periodic Limb Movement Home Monitoring System, *Journal of Fiber Science and Technology*, **73**(11), 284-93 (2017)
12) 吉田，小仲，足立ほか，母体腹壁上の胎児心電位分布推定とe-Textile開発の試み，生体医工学会大会予稿集，207（2017）
13) 清原，岩坪，井村，山本，［座談会］先制医療「集団の予防」から「個の予防」へ，週刊医学界新聞，第3155号（2015）

4　太陽光発電テキスタイルの開発と実用化

中田仗祐*

4.1　はじめに

昨今，テキスタイルにセンサーなどの電子デバイスを取り込んだe-テキスタイルの開発が活発である。そのための電源も小型化，軽量化する必要があり，これに対応した小出力の種々な電源が開発されている。太陽電池もその一つであるが，e-テキスタイル用に限らず，今後，より汎用性のある発電テキスタイルの開発が期待されている。

このような背景の下，自社で独自に開発した球状太陽電池（スフェラー®）[1,2] を利用して，太陽光発電糸[3]とこれを使用した太陽光発電テキスタイル[4,5]を開発した。

以下，この太陽光発電糸と太陽光発電テキスタイル及びその応用例について概要を紹介する。

4.2　球状太陽電池（スフェラー®）

テキスタイルに使用する球状太陽電池（スフェラー®）は，p 形球状シリコン結晶を用いて製造する。シリコンは融かすと強い表面張力があり，少量の液滴は球状になる。それを利用し一定の環境下で冷却して球状シリコン結晶を作る。図1にこれを示す。このシリコン結晶を 1.2 mm の直径に揃えた後，その表面の一部をカットして平坦面を作る。その後，この平坦面以外の球表面に n 形不純物を拡散して n 形層を設けて球面の pn 接合を形成する。続いて表面全体をシリコン酸化膜とシリコン窒化膜からなる反射防止膜をコーティングする。さらに平坦面を持つ p 形表面と n 形表面の頂面にそれぞれドット状の正極と負極を設けて球状太陽電池を作る。図2は球状太陽電池の外観（左）と断面図（右）を示す。この球状太陽電池はあらゆる方向の光がキャッ

図1　ボウルに収容した球状シリコン結晶の集まり

＊　Josuke Nakata　スフェラーパワー㈱　代表取締役会長

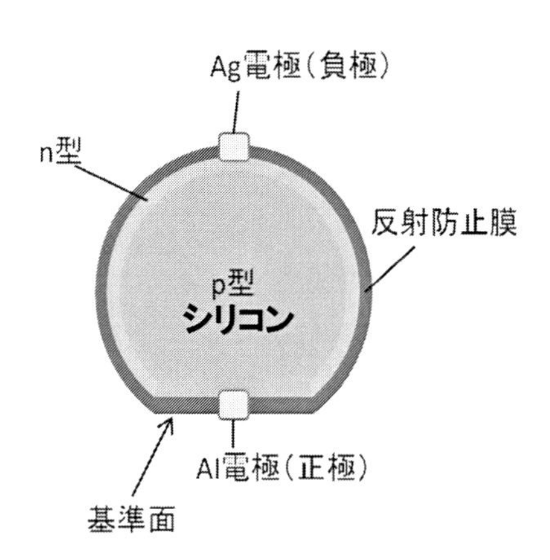

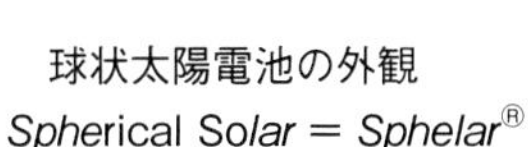

球状太陽電池（スフェラー®）の断面図

図2　球状太陽電池の外観（左）と断面図（右）

チできる三次元受光を意図し開発[7]したものでテキスタイルに限らず種々な用途に利用できる。

図3に示すように，球状太陽電池（スフェラー®）は入射光の種類を問わずあらゆる方向の入射光が受光できるため，利用期間中における累積発電量が太陽電池占有面積当たりで最大化できるメリットがある。

3次元的な受光能力を比較するため，積分球の中に太陽電池を設置してその出力を評価する方法がある。太陽電池として一般に広く用いられているFlat形太陽電池と球状太陽電池を図4の左に示す積分球内に収め，外から，疑似太陽光を導入して均一な拡散光を照射し，出力を測定した。図4の右は，横軸が出力電圧，縦軸が試料の投影断面積当たり換算の出力電流を示す。

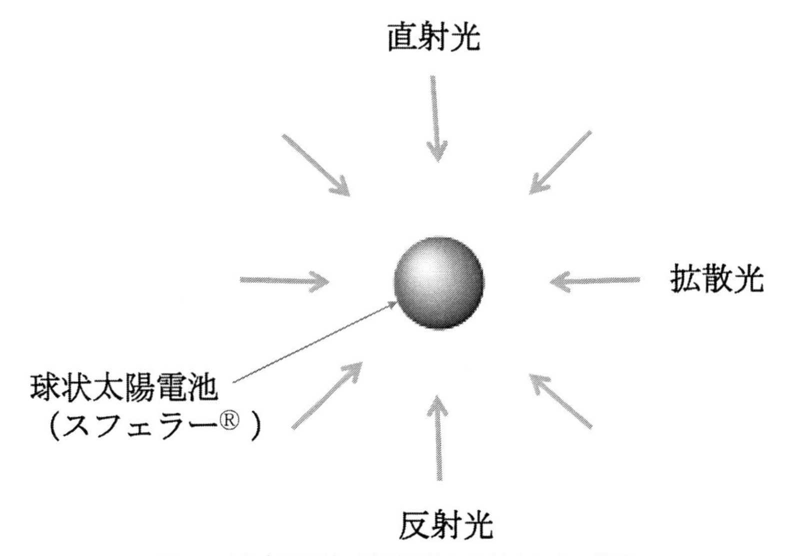

図3　球状太陽電池が発電可能な入射光とその範囲

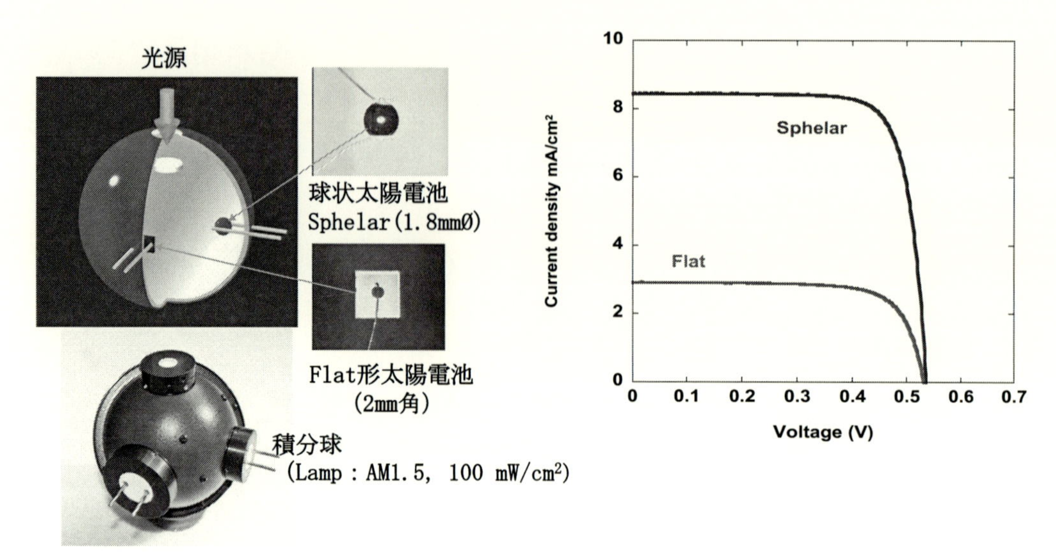

図4　積分球を用いた太陽電池の出力の測定方法と測定結果

なお，測定した試料はFlat形太陽電池では1辺2mmの正方形，球状太陽電池“Sphelar®”では直径1.8mmでいずれも同一シリコン単結晶から切り出して，同様の方法でpn接合と電極を形成した。

図4の測定結果より両試料とも開放電圧は変わらないが，出力電流密度において球状太陽電池はFlat形太陽電池よりも約3倍大きい出力を示した。なお，球状シリコンのp形表面の一部カットしたことと正，負電極を形成したため，真球の断面積対表面積の4よりも少なくなったと思われる。しかし，図3に示すように球状太陽電池は受光面が球面であるために指向性が少なく，直射，反射，拡散に対する受光能力が高くなり累積発電量の向上に寄与できる特長がある。

太陽電池をテキスタイルに利用した場合，入射する光の方向は直射光，反射光，拡散光を含め環境の状況によって大きく変化する。このため，このように指向性が広い球状太陽電池は太陽光発電テキスタイルへの応用に適していると云える。

4.3　太陽光発電糸

太陽光発電テキスタイルを作るために太陽光発電糸が必要である。これは2本の導電糸の間に球状太陽電池を並列にハンダ接続して作製した。導電糸は，芯材にポリアレート繊維（商品名ベクトラン220 dtex）を用い，このまわりを二本の金属繊維（スズメッキ銅線，60 μmΦ）を螺旋状に巻き付け，導電性，ハンダ耐熱性，耐張力性及び屈曲性を持たせた。図5にはその導電糸の外観写真を示す。また，太陽光発電糸の全体像とその拡大写真を，図6と図7にそれぞれ示した。

表1は球状太陽電池単体と球状太陽電池60個を並列接続した発電糸の出力特性と括弧内に1個当りの平均値を示す。この出力特性はJIS C 8918に準じた標準条件（AM1.5，放射強度1,000 W/m^2，温度25℃）に基づいて測定した。

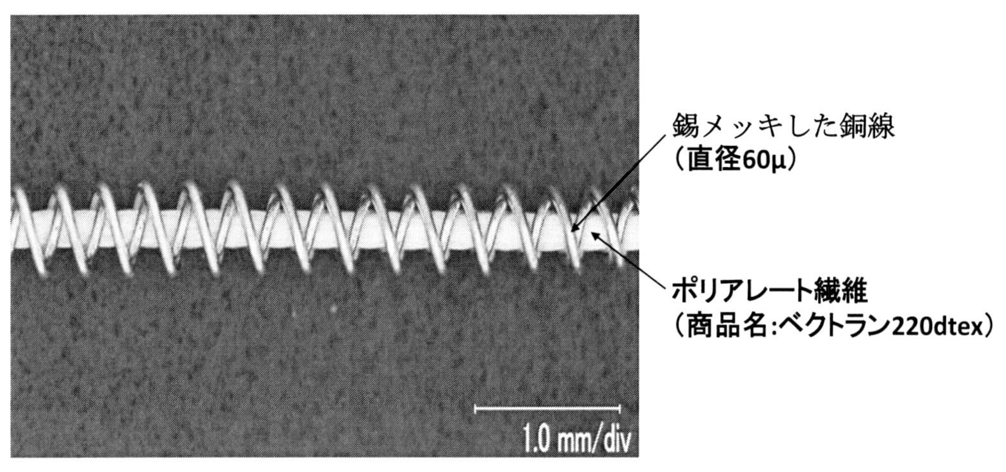

図5　導電糸の外観写真

図6　球状太陽電池利用の太陽光発電糸

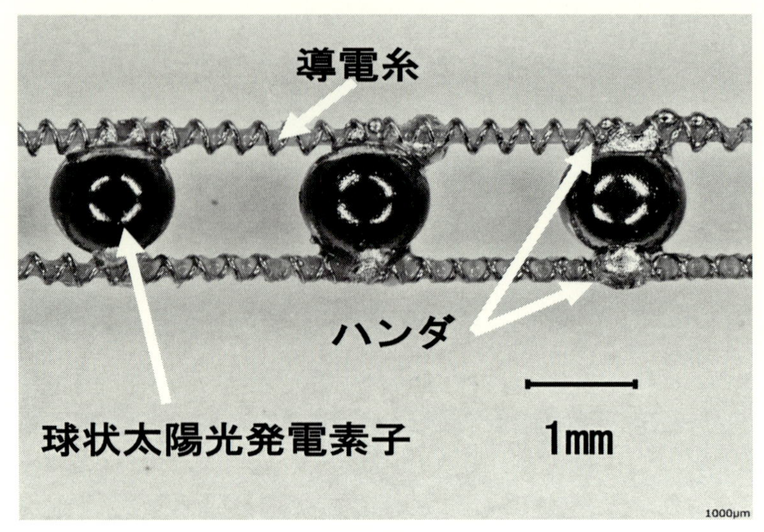

図7　太陽光発電糸の拡大写真

表1　球状太陽電池単体と60個使用の太陽光発電糸の出力特性

	球状太陽電池単体	60個接続の太陽光発電糸（1個の平均値）
開放電圧；Voc（V）	0.53	0.49
短絡電流；Isc（mA）	0.24	14.88（0.25）
最大出力；Pmax（mW）	0.09	4.33（0.07）
最大出力電圧；Vpm（mV）	0.43	0.35
最大出力電流；Ipm(mA)	0.21	12.21（0.20）
曲線因子；FF	0.74	0.60

発電糸の１個当たりの平均値を球状太陽電池単体と比較すると短絡電流はほとんど変わらないが，最大電流，最大電圧はそれぞれ23%，18%程度減少し最大出力で20%弱減少していることがわかる。

これは，主として導電糸によって入射光が遮られた影響が大きいためと考えられる。

4.4　太陽光発電テキスタイルの構造

球状太陽電池は，直径が小さいため，多くの用途では多数の球状太陽電池を使って直並列接続を行い，必要な出力に対応する。

その接続の図式を図８のメッシュ接続構造[8]で示す。同図は，球状太陽電池を４個直列８個並列した例であるが，その個数は必要とする電圧と電流に応じて直列と並列数を決めて対応ができる。

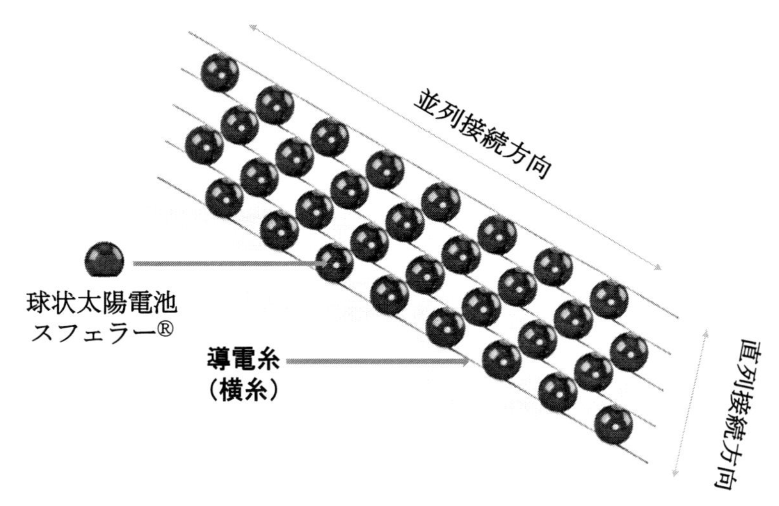

図8　球状太陽電池のメッシュ接続構造

このメッシュ接続の特長は，構造的には太陽電池間に隙間ができてフレキシブル性があり光透過も可能であることで，電気的にはメッシュを構成する太陽電池の一部が日陰や断線や破損してもその部分を除き他の太陽電池の出力が維持できることである。

我々が開発した太陽光発電テキスタイルでは，上記の太陽光発電糸を横糸として利用し，縦糸に絶縁性がある糸を用いて製織した[6)]。

具体的には，テキスタイルを上下二層構造とした。上層は，ポリエチレンテレフタレート繊維の縦糸と太陽光発電糸の横糸で構成し，下層はポリエチレンテレフタレート繊維の縦糸とガラス繊維の横糸を使用した。図9は太陽光発電テキスタイルの拡大写真を示す。

隣接する発電糸どうしはハンダ接続ではなく，上下の織構造で固定し接触が維持できるようにした。この方法によってテキスタイルとして求められるフレキシブル性と太陽電池のメッシュ接

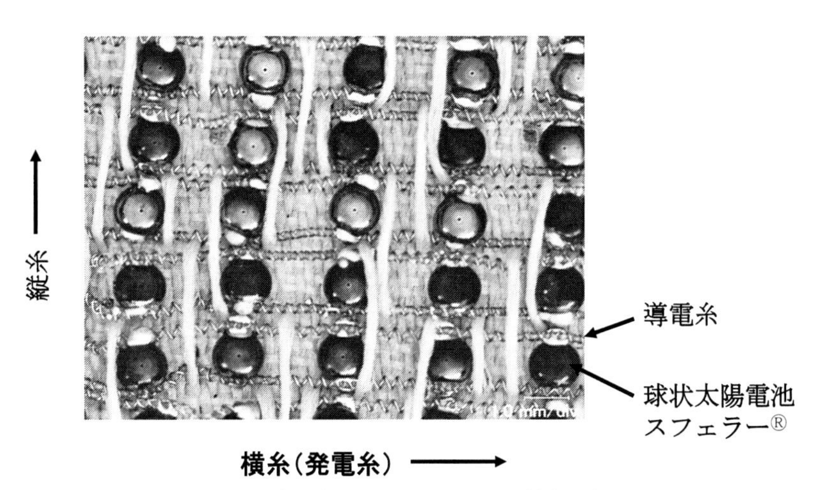

図9　太陽光発電テキスタイルの拡大写真

続の両立を目指した。

4.5　太陽光発電テキスタイルの出力

発電テキスタイルの基本的な構造は上記の通りであるが，必要とする出力電流は太陽光発電糸を構成する球状太陽電池の数により，また，出力電圧は縦方向に接続した発電糸の数によって設計できる。

図10は発電糸10本を用いて縦方向に直列接続した場合，発電糸に用いた球状太陽電池の並列接続数が40個，60個，80個，100個の場合についてその出力電圧と電流の特性を測定した結果

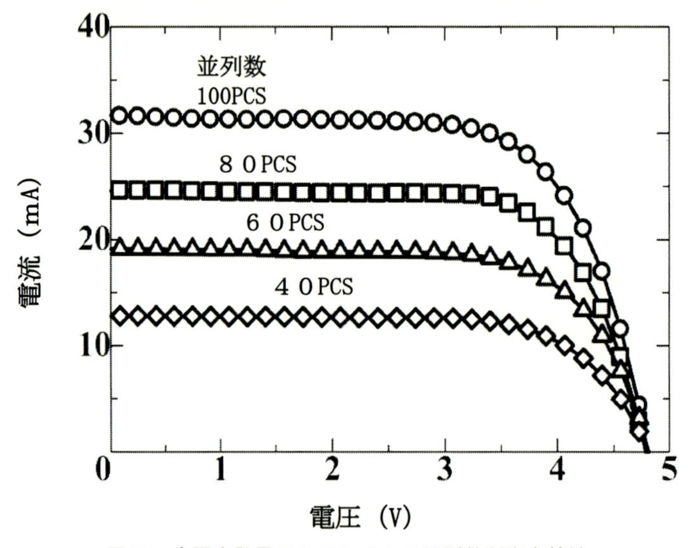

図10　太陽光発電テキスタイルの並列数別出力特性

表2　発電糸10本使用テキスタイルのスフェラー並列数と出力

発電糸のスフェラー並列数	40	60	80	100
開放電圧；Voc（V）	4.82	4.82	4.80	4.78
短絡電流；Isc（mA） （1個当りの平均）	12.1 (0.30)	18.4 (0.30)	24.9 (0.31)	31.6 (0.31)
最大出力；Pmax（mW） （1個当りの平均）	41.2 (0.103)	62.3 (0.103)	83.2 (0.104)	102.3 (0.102)
最大出力電圧；Vpm（V）	3.74	3.72	3.69	3.63
最大出力電流；Ipm(mA) （1個当りの平均）	11.0 (0.28)	16.7 (0.28)	22.6 (0.28)	28.2 (0.28)
曲線因子；FF	0.71	0.70	0.70	0.68

をグラフで示す。

表2は，それらの測定結果を示す表である。同表で括弧内に球状太陽電池1個当りの平均出力も示した。なお，この測定はJIS C 8918に準じた標準条件で行った。

この表より，開放電圧は，ほぼ4.8V前後で一定しているが，最大出力と最大電流は，並列数の増加に比例して増大することがわかる。また，それぞれの測定値の平均は，いずれの接続数においてもほとんど変わらないことがわかる。

この結果を表1の球状太陽電池単体及び60個使用した太陽光発電糸における1個の出力の平均値と比較すると，太陽光発電糸＜太陽電池単体＜太陽光発電テキスタイルの関係がみられる。太陽電池単体と太陽光発電糸では，直射光のみが発電に寄与する。導電線がある太陽光発電糸で1個当たりの平均出力が最低なのは，糸によって入射光が遮られるためと考えられる。

これに対して，太陽光発電テキスタイルにおいては，1個当たりの平均出力は，前二者と比較すると大きく増加している。発電テキスタイルは，上層には球状太陽電池が多数並んでいるため，その表面で反射した光が再度球状太陽電池の表面に入射する光（一般の太陽電池で云うテクスチャー効果）と下層のポリエチレンテレフタレート繊維とガラス繊維からなる織表面による反射による光が寄与したためと推察される。

表3は，太陽光発電テキスタイルにおける発電糸の球状太陽電池使用数別について，この効果が無い計算上の設計値と実際のテキスタイルで得られた出力を比較した表である。

この結果より，出力は約15%アップになり，本開発のテキスタイルの発電出力向上に有効であるとがわかる。

4.6　太陽光発電テキスタイルの耐久性

太陽光発電テキスタイルを構成する太陽光発電糸の直列接続は，織構造で固定する方法を採用している。この方法によりテキスタイルのフレキシブル性を実現できているが，一方で変形後にこの直列接続部の接触性が低下し，発電性能が低下することが懸念される。

そこでこの直列接続部の安定性を評価するために，太陽光発電糸の直列接続方向に10%の繰り返し伸張を100回行い，伸張前と伸張後の出力特性を比較した。なお，試験には球状太陽電池20個からなる太陽光発電糸を横糸に用いた太陽光発電テキスタイルを使用した。表4は繰り返

表3　太陽光発電テキスタイルの設計値と実測値の出力比

発電糸のスフェラー®接続数	40	60	80	100
最大設計出力；Pmax（mW）	36.0	54.0	72.0	90.0
最大値の出力比（実測出力/設計出力）	1.14	1.15	1.16	1.14

し伸張耐久試験結果を示す。試験前後の変化はほとんど見られない。伸張中は縦糸の伸張もしくは織構造が変化して太陽光発電糸の直列接続方向の接触状態が伸張前のそれと比較して劣化すると懸念されたが，伸張が回復したときに縦糸の伸張回復及び織構造の復元が起こり，太陽光発電糸間の接触状態が伸張前と同等の状態に復帰し，伸張後も出力特性が維持されたと推察される。

この復元性は太陽光発電糸間の接続維持にこのテキスタイルの織構造の特長が発揮した結果である。これにより本太陽光発電テキスタイルはテキスタイル特有のフレキシブル性を実現していることがわかる。

4.7　太陽光発電テキスタイルの表面保護

太陽光発電テキスタイルの屋外使用のためには，防水，耐候性対策が不可欠である。そのため，太陽光発電テキスタイルの両面にポリウレタン樹脂シートをラミネート加工して表面の保護を行った。

このラミネート加工によって太陽光発電テキスタイルの出力への影響を調べるため，球状太陽電池を 10 個直列，50 個並列接続した太陽電池テキスタイルを用い，これをポリウレタン樹脂シートでラミネート加工し，その前後の出力の変化を調べた。表 5 はラミネート加工前後の最大出力の変化を示す。

ラミネート加工を行えば入射光がラミネートシートによって吸収されて出力が減少すると懸念されたが，逆にラミネート加工後は若干ながら最大出力が向上した結果となった。

これはラミネートシートによる吸収を上回る上下のラミネートシート間における多重反射に

表 4　繰り返し伸張耐久試験結果

	伸張試験前	伸張試験後
開放電圧：Voc(V)	5．91	5．89
短絡電流：Isc (mA)	4．88	4．87
最大出力：Pmax (mW)	20．4	20．6
最大出力電圧：Vpm (V)	3．82	3．81
最大出力電流：Ipm (mA)	5．34	5．40
曲線因子：FF	0．71	0．72

（試料：球状太陽電池 20 個の発電糸 10 本を横糸に使用）

表 5　太陽光発電テキスタイルのラミネート加工前後の出力変化

	最大出力(mW)		最大出力の変化率
	加工前	加工後	
フィルムなし	44.89		－
ポリウレタン系樹脂フィルム付き	47.41	48.23	1.02

図11　1m 幅の太陽光発電テキスタイルの外観

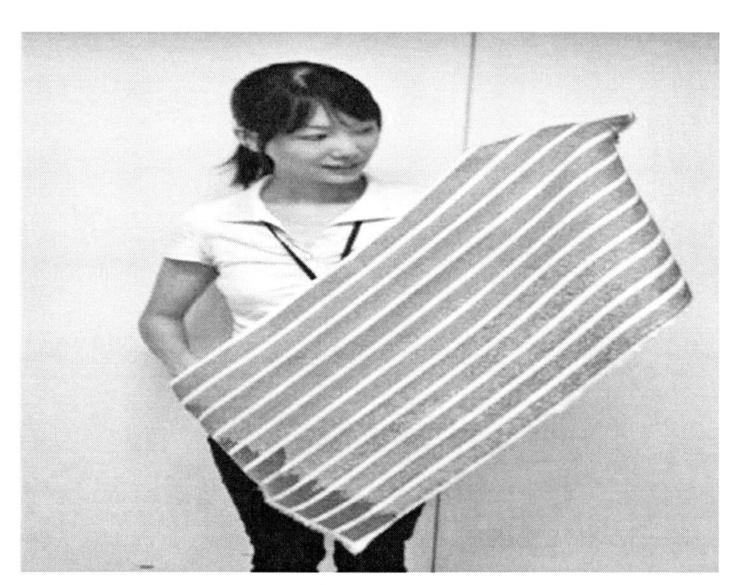

図12　フレキシブルな太陽光発電テキスタイルの外観写真

よって，光が閉じ込められ最終的に球状太陽電池に入射する光が寄与し出力の増加につながったためと推察される。

4.8　太陽光発電テキスタイルの試作

樹脂フイルムでラミネートして表面を保護した太陽光発電テキスタイルの試作品をそれぞれ，図11は1m 幅の太陽光発電テキスタイルの外観写真，図12はフレキシブルな太陽光発電テキ

図 13　太陽光発電テキスタイルの装着テントの表面

図 14　太陽光発電テキスタイル装着テントの裏面

スタイルの外観写真に示す。

4.9　太陽光発電テキスタイルの応用製品

太陽光発電テキスタイルを利用した防災用テントの表面を図 13，裏面を図 14 にそれぞれ示す。日中の太陽光で発電した電気をバッテリーに蓄え，夜間に LED ランプを点灯するなどの電源に利用する。

一般的な組み立て式テントの膜材の上に太陽光発電テキスタイル（幅約 100 cm，長さ約 60 cm，重さ約 2 kg）12 枚を 12 枚写真に示すように分散して装着した。

図15　太陽光発電テキスタイル装着の運動靴

このテント全体の出力は約45W（JIS C 8918に準じた標準条件の下で測定した値）である。この太陽光発電テキスタイルは，膜材と脱着が可能であり，テントに搭載しない場合でも災害時の緊急電源として利用が可能である。

最後に，太陽光発電テキスタイルを搭載したシューズを，ウェアラブル用途の一例として図15に示す。このシューズは日中の太陽光などの光で充電し，夜間などの暗い時にLEDを点灯させ履く人の動きを周囲に知らせることができる。

4.10　おわりに

球状太陽電池を用いた太陽光発電テキスタイルは，従来型太陽電池では実現が困難とされたフレキシブル性と審美性の実現を可能にした。ウェアラブル製品の電源用のみならず，今後の発電出力の向上によって種々な分野で多様な応用開発が期待される。

一方，本稿で述べた球状太陽電池のような3次受光が可能な太陽電池について，適切な評価ができるJIS及び国際規格が制定されていない。このため，やむを得ず，現行の平面受光形太陽電池を対象とする出力測定方法を用いその測定結果で示した。

今後，3次元受光形太陽電池に対し適切な評価ができる新しい国際規格の早期制定が望まれる。

謝辞

本研究成果の一部は，経済産業省・戦略的基盤技術高度化推進事業「太陽光発電可能な次世代膜構造建造物を実現する発電テキスタイルの開発」の支援を受けて実施しました。

文　献

1) 中田仗祐，日本特許 3262174
2) J. Nakata,"Spherical Cells Promise To Expand Applications for Solar Power", Asia Electronics Industry (AEI), pp. 44-46 (2001)
3) 中田仗祐ほか，日本特許 5716197
4) 増田敦士，村上哲彦，笹口典央，辻尭宏，中田仗祐，稲川郁夫，中村英稔，大谷総一郎，"テキスタイル加工に適した太陽光発電糸の開発" エレクトロニクス実装学会誌，**20**(4)，228-230 (2017)
5) 中田仗祐ほか，日本特許 5942298
6) 増田敦士，辻尭宏，中田仗祐，稲川郁夫，中村英稔，大谷聡一郎，吉岡隆一，"太陽光発電糸を用いた太陽光発電テキスタイルの開発" エレクトロニクス実装学会誌，**21**(3)，240 (2018)
7) K. Taira and J. Nakata, "Catching rays", NATURE PHOTONICS 4, pp. 602 (2010)
8) 中田仗祐，日本特許 3904558

第2章　建築・土木資材分野

1　接触爆発に対する耐衝撃性能にすぐれたポリエチレン繊維補強コンクリート版の開発

村上　聖*

1.1　はじめに

建設分野で衝撃力を設計荷重として取り扱う必要がある構造物には，原子力関連施設，落石対策工，ガードフェンス，砂防ダム，防波堤などがある。また，対象となる衝撃荷重として，落石，土石流，波浪などの自然的要因と，航空機・車輌・船舶などの衝突，重量物の落下などの人為的事故によるものがある。しかし，最近では国内外において，衝突・爆発などの意図的攻撃による衝撃外乱を公共施設や重要構造物の設計において考慮し，より高い安全性を確保する必要性が生じている。特にコンクリート構造物においては，衝撃波の伝播に伴う脆性的なコンクリートの裏面剥離（スポールと呼ばれる）を抑制することが重要な設計ファクターであり，この面で短繊維をコンクリート中に分散混入し，コンクリートに高い靭性を付与した繊維補強コンクリート（Fiber Reinforced Concrete，以下FRCと称する）の適用が期待されている。

ここでは，著者らがこれまでに行ってきた高流動高靭性のポリエチレン繊維補強コンクリート（以下，PEFRCと称する）の調合設計ならびにPEFRC版の接触爆発に対する耐衝撃性能に関する試験結果[1~6]について報告する。

1.2　PEFRCの調合設計

1.2.1　開発のコンセプト

新素材繊維として炭素繊維，アラミド繊維，ポリエチレン繊維，PBO繊維などがコンクリート用補強繊維として使用されている。これらの短繊維をマトリックスに分散混入する場合，これまではモルタルマトリックスがほとんどであり，粗骨材を含むコンクリートマトリックスに混入することは，流動性や繊維分散性の面でほとんど困難であった。特に耐衝撃性能に要求される高靭性をコンクリートに付与するためには，繊維のアスペクト比をできるだけ大きくし，しかも高い繊維混入率を実現することが必要になるが，これらの因子はコンクリートの流動性を著しく低下させる。著者らは，高流動コンクリートに準じたコンクリートマトリックスの調合と繊維の集束状態を工夫することにより，高流動かつ高い繊維混入率による高靭性のPEFRCの開発を行ってきた。

---

*　Kiyoshi Murakami　熊本大学　大学院先端科学研究部，工学部　土木建築学科　教授

1.2.2　使用材料および調合

表1にPEFRCの使用材料を示す。セメントにはプレキャスト製品を目的に早強ポルトランドセメント，骨材には川砂および砕石6号，混和材料には高流動性付与を目的に高炉スラグ微粉末および高性能AE減水剤を使用した。繊維には，高分子量ポリエチレン繊維の原糸（フィラメント直径12 μm）を長さ30 mmにカットしたもの（原糸カットタイプ）およびストランドにした芯糸をポリプロピレンとポリエチレンから成る熱融着繊維の巻糸でカバーリング集束したもの（集束タイプ）の2種類を用いた。写真1に，原糸カットタイプおよび集束タイプのポリエチレン繊維を示す。集束タイプの繊維は，T社との共同研究により，高流動かつ高靭性のPEFRCを得るのに最適なタイプとして開発されたものである。この経緯を簡単に紹介すると，原糸カットタイプの繊維を使用した場合，繊維体積率が1％以上で特に曲げ強度および曲げ靱性の増加が顕

表1　PEFRCの使用材料

セメント	早強ポルトランドセメント 密度＝3.13 g/cm^3
細骨材	川砂 表乾密度＝2.63 g/cm^3 最大寸法＝2.5 mm
粗骨材	砕石6号 表乾密度＝2.95 g/cm^3 最大寸法＝15 mm
混和材	高炉スラグ微粉末 密度＝2.89 g/cm^3 比表面積＝6140 cm^2/g
混和剤	高性能AE減水剤 ポリカルボン酸系
繊維	ポリエチレン繊維（集束タイプ） 密度＝0.97 g/cm^3 寸法＝590 μm × 30 mm 引張強度＝1870 N/mm^2 引張弾性率＝43 kN/mm^2

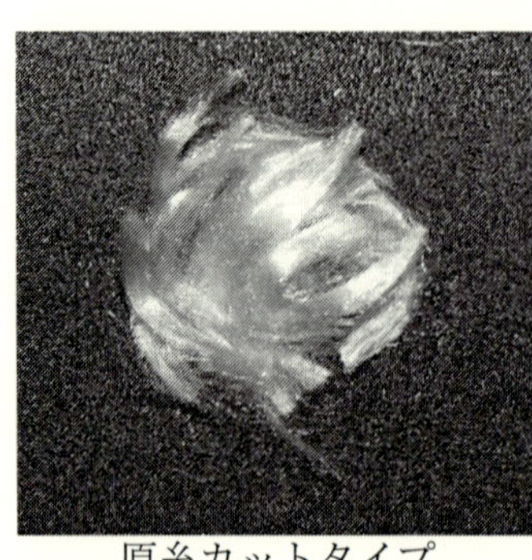
原糸カットタイプ

集束タイプ

写真1　ポリエチレン繊維の種類

打ちとなり，それ以上の高靭性が期待できないことが判った。これは，直径12 μmのフィラメントでマトリックス中に分散するために，高い繊維混入率では繊維間隔が非常に狭くなり，繊維界面の層間剥離による繊維の引き抜けが生じるためと考えられる。集束タイプの開発は，この結果を元に，集束することにより高流動性を与え，ロッド状よりも緩く集束することにより，ミキサーの撹拌に伴い解繊した部分にセメントペーストが充填され，繊維の付着力が確保されることを意図している。

表2にPEFRCの使用調合を示す。高炉スラグ微粉末混入率（対結合材質量比）は$S_g/B = 50\%$一定とし，細骨材率（s/a），単位水量（W），水結合材比（W/B）は，後述の曲げ試験による曲げタフネスが最大となるように最適調合を定めた。繊維体積率は，$V_f = 0, 1, 2, 3, 4\%$の5水準とした。なお，高性能AE減水剤は，標準使用量の範囲内で，セメントペーストの過度の分離が生じないように混入した。練り混ぜには，容量55 Lの強制2軸攪拌型ミキサーを使用し，セメント，高炉スラグ微粉末，骨材を30秒間空練りし，次に水（高性能AE減水剤）を投入し，90秒間練り混ぜた後，最後に繊維を投入し，3分間練り混ぜた。

1.2.3　強度試験結果

表3にPEFRCの強度試験方法を示す。圧縮強度および引張強度試験はJISに準拠し，圧縮強度，ヤング係数および割裂引張強度を測定した。また，曲げ強度試験は，100×100×400 mmの角柱供試体の2等分点曲げ載荷（スパン長さ300 mm）により，荷重－載荷点変位曲線を測定し，曲げ強度および曲げタフネス（変位が2 mmに達するまでの荷重－変位曲線下の面積）を求めた。なお，供試体は，標準養生材齢14日後，試験時まで約1週間気中養生を行った。

表2　PEFRCの使用調合

V_f (%)	W/B (%)	S_g/B (%)	s/a (%)	単位量（kg/m^3）					S_p/B (%)
				C	S_g	W	S	G	
0	33	50	65	488	488	325	565	341	0.25
1									0.25
2									0.25
3									0.25
4									0.5

V_f：繊維体積率，W/B：水結合材比，s/a：細骨材率，C：セメント，S_g：高炉スラグ微粉末，W：水，S：細骨材，G：粗骨材，$B = C + S_g$：結合材，S_p：高性能AE減水剤

表3　PEFRCの強度試験方法

試験項目	供試体	個数	測定値
圧縮強度試験	φ 100 × 200 mm円柱	各3	圧縮強度，ヤング係数
引張強度試験	φ 100 × 200 mm円柱	各3	割裂引張強度
曲げ強度試験	100 × 100 × 400 mm角柱	各3	曲げ強度，曲げタフネス

図1にPEFRCのスランプ値および各種力学的特性，図2に曲げ試験による荷重－載荷点変位曲線の平均値をそれぞれ示す。図より，スランプ値は，$V_f=4\%$においても約10 cm以上となり，かなりの高流動性が得られることが判る。圧縮強度およびヤング係数は，繊維体積率の増加とともに若干小さくなっているが，引張強度，曲げ強度および曲げタフネスは，繊維体積率にほぼ比例して顕著に増加していることが判る。

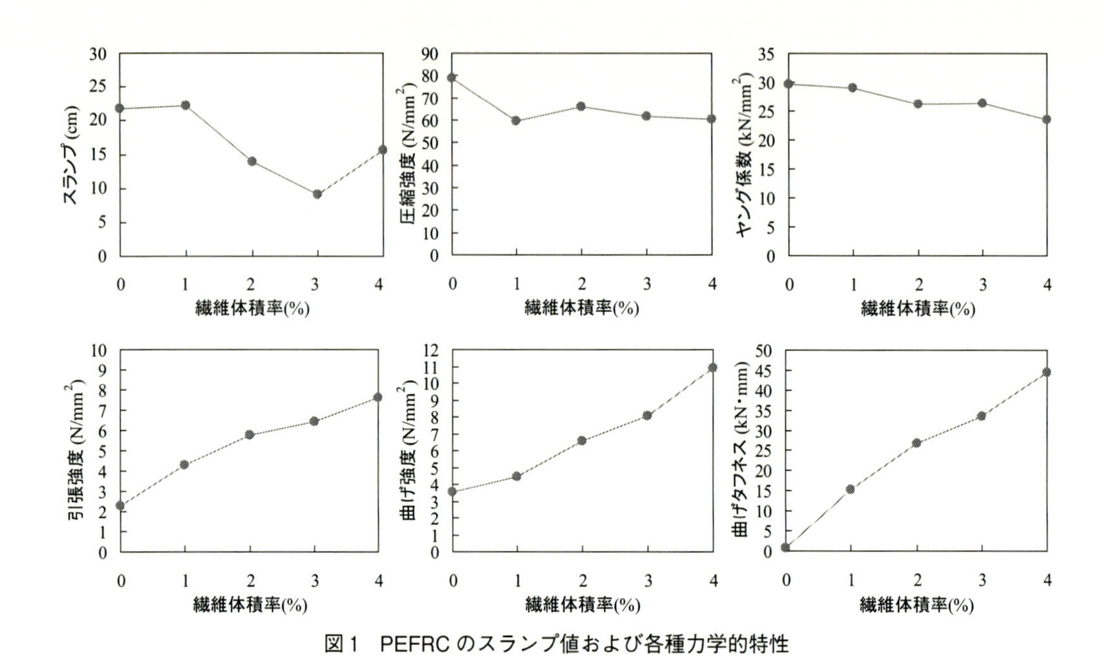

図1　PEFRCのスランプ値および各種力学的特性

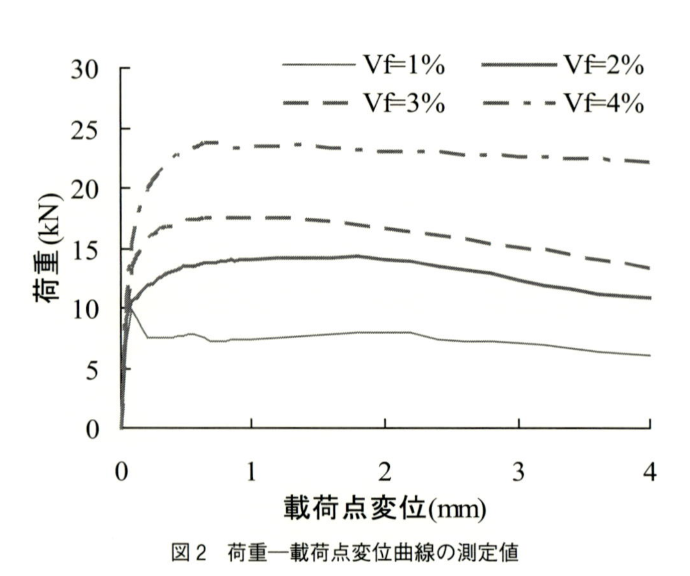

図2　荷重―載荷点変位曲線の測定値

1.3　接触爆発に対するPEFRC版の耐衝撃性能

1.3.1　開発のコンセプト

これまでに各種FRC版の接触爆発に対する耐衝撃性能の比較検討により，PEFRC版のスポール損傷抑制に対する有効性を明らかにしているが，ここでは迅速施工を目的に各種構成のプレキャストPEFRC版（単版，中空層付き2層構成版，プレキャストブロックおよび空洞プレキャストブロック組積版）について接触爆発試験を行い，普通コンクリート版との比較でプレキャストPEFRC各種構成版の損傷メカニズムを実験および解析的に明らかにした。

1.3.2　接触爆発試験方法

表4に試験体の仕様を示す。試験体は，A：単版，B：中空層付き2層構成版，C：プレキャストブロック組積版およびD：空洞プレキャストブロック組積版の4種類である。

図3に試験体の接触爆発試験方法を示す。試験体は，内法スパン長が510 mmの角材支承部上に設置し，試験体上面中央位置で電気雷管を用いて爆薬（密度1.30 g/cm^3，ペンスリット65%，パラフィン系35%，爆轟速度6900 m/s）を起爆させた。なお，爆薬量は200 g，爆薬の形状は，直径と高さが同一の円柱形とした。図4に爆発試験後の損傷寸法の測定方法を示す。寸法測定は，爆発面のクレータ直径および最深深さ，裏面のスポール直径および最深深さとし，直径は4方向の測定値の平均値として求めた。

1.3.3　爆発試験結果

図5に各試験体のスポール損傷状況を示す。普通コンクリート単版（試験体A0）では，中央に配筋した鉄筋が露出するほど大きなスポールが発生しているのに対して，PEFRC単版（試験体A1）では剥離による浮き上がりは生じたものの剥落片は生じず，PEFRCによる顕著な損傷低減効果が認められる。また，PEFRCの各種構成版の違いがスポールの損傷低減に及ぼす影響に関しては，単版（試験体A1）との比較で，プレキャストブロック組積版（試験体C1）についてはほぼ同等であり，薄厚PEFRC版の中空層付き2層構成版（試験体B1）と空洞プレキャストブロック組積版（試験体D1）についてはほとんどスポールを生じず，中空層を設けることがPEFRC版のスポールの損傷低減に顕著な効果があることが判った。ただし，普通コンクリートを用いた中空層付き2層構成版（試験体B0）の場合には，上下版の両方に貫通孔を生じ，爆発荷重に対して中空層の効果はまったく認められなかった。

ここで，中空層が普通コンクリート版には効果がなく，PEFRC版で大きな効果をもたらす理由を解析的に検討するために，普通コンクリートを用いた中空層付き2層構成版（試験体B0）について汎用衝撃解析コードANSYS AUTODYNによる有限要素解析を行った結果を図6に示す。なお，解析モデルは2次元軸対称とし，要素分割や材料モデルの詳細については文献5）を参照されたい。図より，普通コンクリートの場合には，上版裏面でスポールによるコンクリート飛散片が下版表面に二次飛翔体として作用し（解析結果より，T＝0.02～0.04 msで破壊領域が下版表面に達していることから，少なくともコンクリート片の飛散速度は750 m/s程度と推定される），下版にもスポールおよび貫通孔を生じている様相が観察される。一方，PEFRCの場

表 4　試験体仕様

記号	試験体仕様	版厚 (mm)
A0 A1	単版	100
B0 B1	中空層付き 2 層構造版 ＊中空厚 15 mm	100 (50×2)
C1	プレキャストブロック版	100
D1	空洞プレキャストブロック版 ＊空洞厚 50 mm	100

＊ 0：普通コンクリート，1：PEFRC（V_f＝4%）

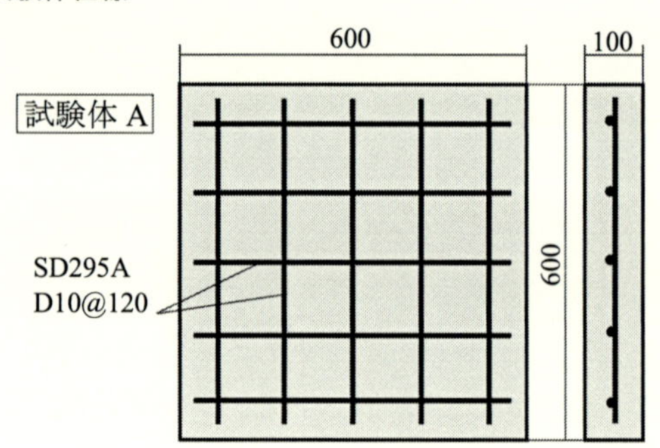

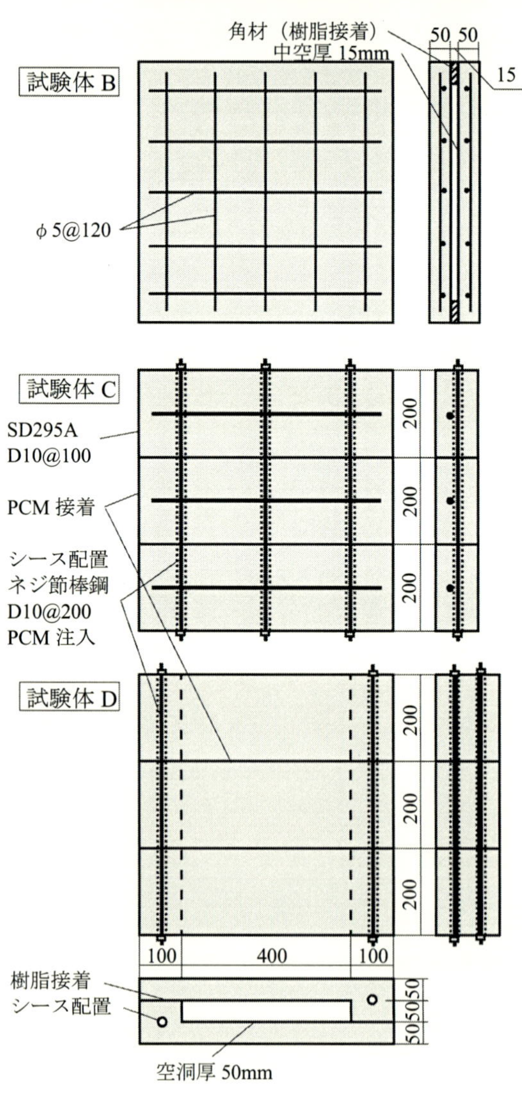

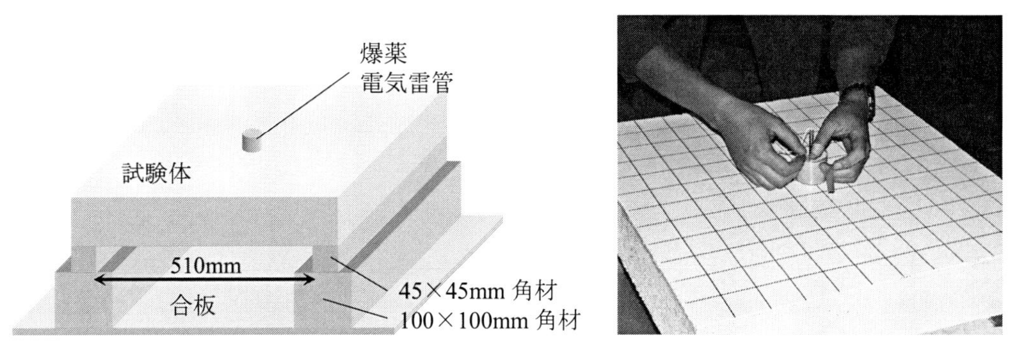

図3　接触爆発試験方法

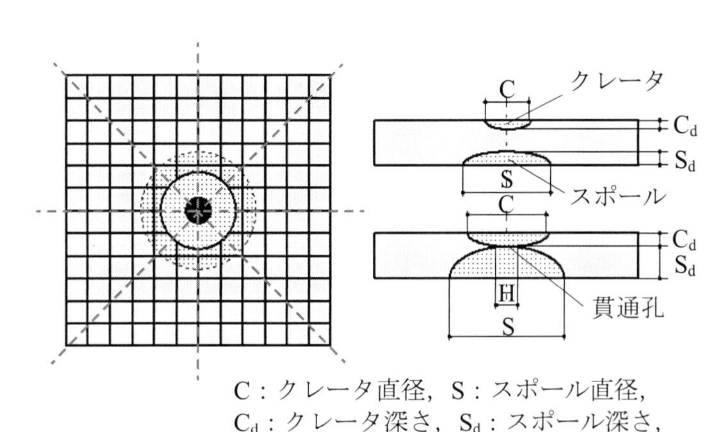

図4　損傷評価方法

合には，繊維の架橋作用により上版裏面のスポール部が破片として飛散することなく延性的な変形性状を示し，下版表面への衝突力が緩和されたことで衝撃波による下版のスポール発生が抑止されたものと推察される。

1.4　おわりに

本報では，PEFRC の調合設計ならびに接触爆発に対する耐衝撃性能に関して，著者らがこれまでに行ってきた研究の一部を紹介した。調合設計では，高流動コンクリートに準じたコンクリートマトリックスの調合および繊維の集束状態の工夫により，粗骨材を含むコンクリートにおいても高流動高靭性の PEFRC を製造できることを示した。また，高靭性の PEFRC の耐衝撃部材への利用に関して，接触爆発試験により，PEFRC が爆発荷重に対する損傷低減効果に非常にすぐれた材料であることを実験および解析的に明らかにした。

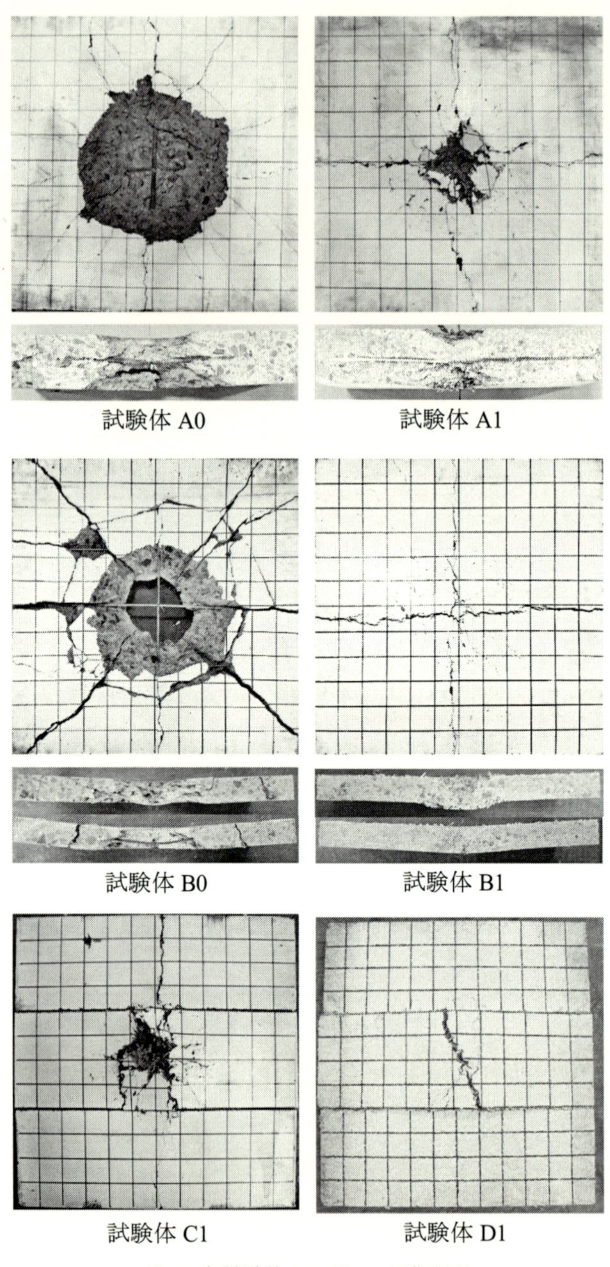

図5　各試験体のスポール損傷状況

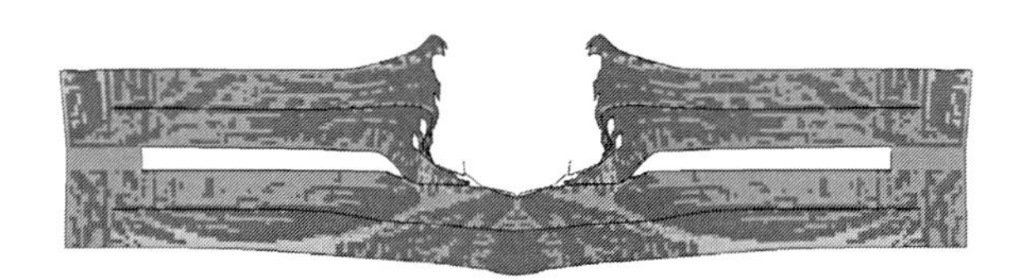

解析による最終破壊状況（T=0.50ms）

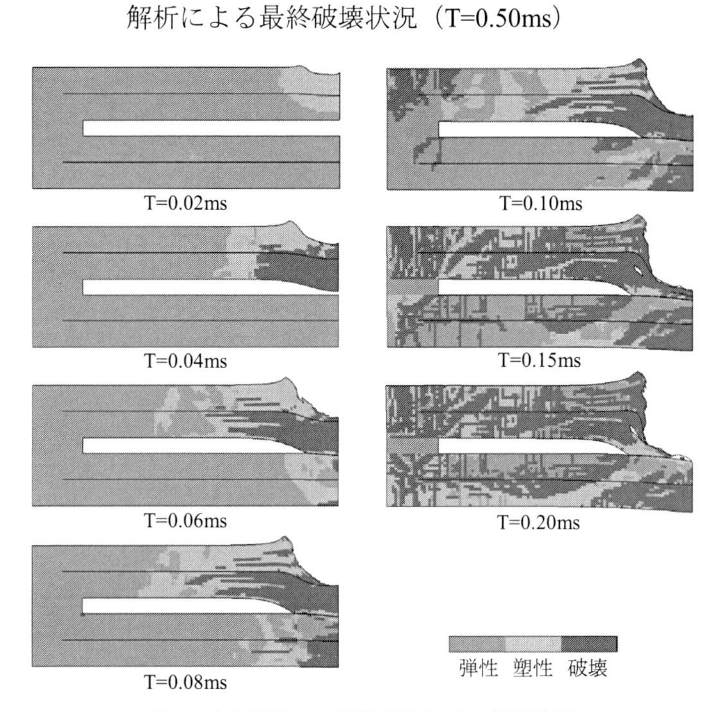

図6　中空層付き2層構成版のFEM解析結果

文　　献

1) 村上聖，月間コンクリートテクノ，**25**(7), pp. 53-60 (2006)
2) 山口信，村上聖ほか，日本建築学会構造系論文集，**73**(634)，pp. 2019-2100 (2008)
3) 山口信，村上聖ほか，日本建築学会構造系論文集，**72**(619)，pp. 187-194 (2007)
4) 山口信，村上聖ほか，日本建築学会構造系論文集，**73**(631)，pp. 1681-1690 (2008)
5) 山口信，村上聖ほか，日本建築学会構造系論文集，**75**(654)，pp. 1577-1586 (2010)
6) 山口信，村上聖ほか，日本建築学会構造系論文集，**77**(678)，pp. 1347-1355 (2012)

2　土木分野におけるFRPの適用事例と研究開発の動向

中村一史*

2.1　はじめに

FRPは，軽量であること，繊維方向の強度が高いこと，腐食しないこと等，他の材料にはない，優れた特性を有していることから，その特長を活かして，様々な土木構造物への適用が進められている。構造部材へのFRPの適用例としては，歩道橋[1,2]，検査路[3]，水門扉[4]等がある。海外では，道路橋の鉄筋コンクリート床版の代替として，GFRP床版[1]が適用されている。

一方，FRPは，既設構造物の補修・補強にも適用されている。土木分野では，構造用部材としてよりも，コンクリート構造物の補修・補強材料として着目され，研究開発が進められてきた経緯がある。連続繊維シートによるコンクリートの補修工法[5]は，関連する指針が土木学会から発刊され，一般的な補修・補強工法として普及している。他方，鋼構造物を対象とした補修・補強については，2000年頃から各方面で研究開発が行われ，施工要領等[6~11]が示されている。

本稿では，土木構造物へのFRPの適用事例およびFRP接着による鋼構造物の補修・補強技術[11,12]について紹介する。

2.2　土木構造物へのFRPの適用事例

2.2.1　設計法の整備状況と概要

FRPの構造物への適用は，航空機や船舶等，機械分野において進められてきた。欧州では，それらを一般の構造物へも適用できるように，性能照査型設計法に基づく設計基準と，FRPの物性値等の基本データを掲載したハンドブックを取りまとめ，EUROCOMP[13]として1994年に発刊している。さらに，FRP構造物の設計ガイド[14]が2016年に示されている。イタリアでは，EUROCOMPを参考にFRP構造物の設計ガイドライン[15]が策定されている。イギリスでは，FRP橋梁の設計者向けのガイド[16]が示されている。アメリカにおいても，引抜成形部材を対象に，荷重抵抗係数設計（LRFD）法に基づく設計標準[17]の策定が検討されている。

FRPは，強化材としての繊維の種類，配向の方向，用いる樹脂，製造方法等により，性質が大きく異なることから，既存の設計法や設計式を用いる場合には，その適用範囲に十分に留意する必要がある。

橋梁をはじめとする，一般の土木構造物では，死荷重および車両・群衆荷重等の活荷重が主な作用であるが，FRPは軽量であるため，死荷重よりも活荷重の影響が大きくなる傾向にある。また，鋼に比べて弾性係数が小さいFRPでは，活荷重によるたわみ制限（使用性）が設計で支配的となる場合が多い。以下では，FRPの適用事例と設計の基本的な考え方について紹介する。

---

*　Hitoshi Nakamura　首都大学東京　大学院都市環境科学研究科　都市基盤環境学域
准教授

2.2.2　歩道橋

歩道橋は，FRP の適用事例が多い構造物の一つであり，海外では，1990 年代から建設されている。表 1 に，国内外における主な FRP 歩道橋の施工事例[2]を示す。形式では，トラスが最も多く，長スパンでは，活荷重たわみを抑制するために，斜張橋形式が採用されることもある。

図 1 に，1992 年にイギリスで建設された，Aberfeldy Footbridge[1]を示す。公園内の軟弱地盤である湿地帯に支間長 63 m の橋梁を建設するために，軽量な GFRP が選択され，長支間にも対応するために斜張橋形式が採用された。また，主桁，塔の断面構造は，ドグルコネクターと呼ばれる，せん断キーを用いて，パネル材をブロックのように組立てられている。

アメリカでは，システムトラス橋が 300 橋近く架設されている。本橋は，溝形断面の部材を組合わせて施工され，短工期で架設することができる。国内でもその輸入橋が 2 橋（はまなす橋，小原橋架設橋）建設されている。図 2 に，はまなす橋の施工例[2]を示す。比較設計によるコストの試算によれば，GFRP 橋が，鋼橋，PC 橋に比べて最も経済的であることが示されている。試算条件では，架替え対象（木橋）の下部構造を基本としたコスト比較であり，軽量な GFRP 橋は，下部構造の工費増がない（そのまま再利用が可能である）ため，初期（建設）コストでも有利と

表 1　国内外における主な FRP 歩道橋の施工事例

橋梁名	竣工年	所在地	支間長 L（m）	形式（材料）	たわみ制限
Aberfeldy Footbridge	1992	イギリス	25 + 63 + 25	斜張橋（ASSET）	−
Longspan Prestek	−	アメリカ	24.6	下路トラス（形材）	L/240
Kolding Bridge	1997	デンマーク	27.0 + 13.0	斜張橋（形材）	L/200
Standerd Bridge Concept	−	デンマーク	13.5 + 13.5	下路トラス（形材）	L/250
West Mill Bridge	2002	イギリス	10.0	床版ユニット（ASSET）	L/300
Pontresina Bridge	−	スイス	12.5 + 12.5	下路トラス（形材）	L/800
New Kosino Station Bridge	−	ロシア	9.0 + 18.0 + 9.0	下路トラス（形材）	L/400
ロードパーク橋	2000	沖縄県	19.677 + 17.223	鈑桁（ハンドレイアップ）	L/600
試験橋梁（土木研究所）*	−	茨城県	4.5 + 11.0 + 4.5	斜張橋（形材）	L/300
応急橋（実験橋）*	−	静岡県	8.0	上路トラス（角パイプ）	L/400
連絡橋（ものつくり大学）	2006	埼玉県	4.8 + 11.7 + 4.8	中路トラス（角パイプ）	L/600, L/400
FRP 試験桁（土木研究所）*	2006	茨城県	10.12	鈑桁（形材）	L/400
羽咋自転車道 13 号橋	2008	石川県	10.6	鈑桁（形材）	L/400
はまなす橋	2009	京都府	17.76	下路トラス（形材）	L/400
ポンツーン連絡橋（渡橋）*	2011	広島県	12	鈑桁（形材）	L/500
ポンツーン連絡橋（渡橋）*	2012	宮城県	10	鈑桁（形材 + UFC 床版）	L/500
玄若橋	2013	三重県	18.4	下路トラス （ハンドレイアップ材）	L/400
小原橋架設橋	2013	東京都	23.9	下路トラス（形材）	L/400

*実構造物による試験施工例あるいは実験橋

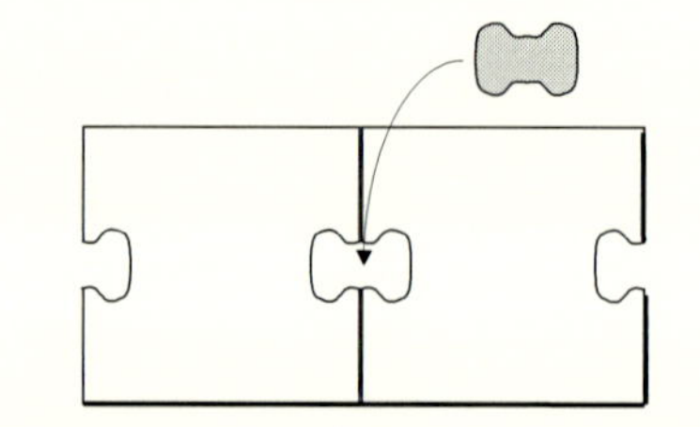

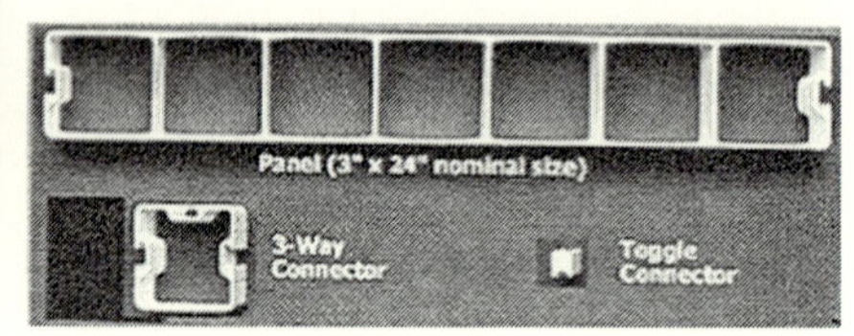

(a)外観　　(b)断面を構成するパネル材

図1　イギリスの Aberfeldy Footbridge[1)]

図2　アメリカのシステムトラス橋の導入例[2)]
（はまなす橋）

なっている。

図3に，わが国初の GFRP 歩道橋である，ロードパーク橋[1,2)]の例を示す。形式は2径間連続桁であり，断面形状は桁高 1600 mm の溝形である。図3（b）に示すように，溝形の型枠に沿って強化材を積層し，樹脂を含浸させるハンドレイアップ成形により製作されている。ハンドレイアップ材は，任意の断面形状に製作できる特長を有するものの，引抜成形材に比べて，コストが高くなる欠点がある。

図4に，羽咋巌門自転車道 13 号橋の実施例[2)]を示す。2本の主桁には，国内で最大断面となる，桁高 600 mm の引抜成形 I 形材が使用されている。床版には，角パイプが用いられており，橋軸直角方向に配置している。使用性の照査では，自転車荷重（$1.0\ \mathrm{kN/m^2}$）に対してたわみ制限 $L/400$（L：支間長）を満足するように設計されている。

(a)外観

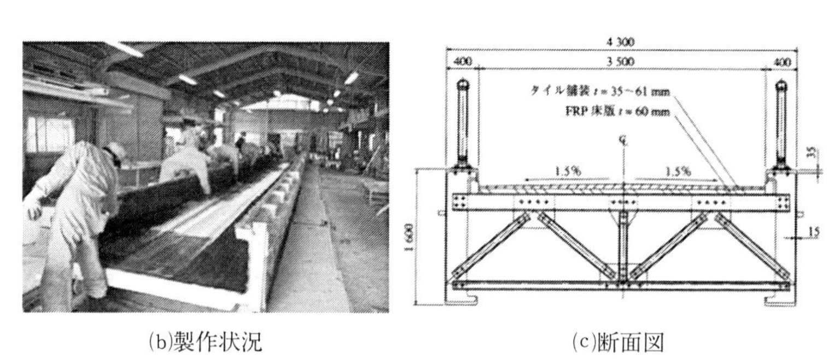

(b)製作状況　　(c)断面図

図3　わが国初の GFRP 橋（ロードパーク橋）[1,2]

(a)概要　　(b)架設状況

図4　国内最大の引抜成形Ⅰ形材を主桁に用いた鈑桁橋（羽咋巌門自転車道13号橋）[2]

図5に，ハイブリッド FRP 桁を渡橋へ試験的に適用した例[12]を示す。ハイブリッド FRP 桁とは，炭素繊維をフランジ部に集中して配置することで，曲げ剛性を効率的に向上させ，ウェブには，安価なガラス繊維を配置して，コストダウンを図るために開発された，引抜成形Ⅰ形断面桁である。本橋は，連結部の耐久性を検討するために，環境条件の厳しい飛沫帯に，ポンツーン連絡橋（渡橋）として，2011 年に試験的に施工されている。連結部は4箇所あり，それぞれ異なる方法で連結されている。図5（b）は，FRP ボルトによる連結部を示している。FRP ボルトは

(a)概要　(b)連結部の暴露状況

図5　CF と GF を組み合わせたハイブリッド FRP 桁のポンツーン連絡橋（渡橋）への適用検討[12]

GFRP 製であり，1 本あたりのせん断強度が小さいことから，必要本数が増えるものの，環境の厳しい箇所で，約 2 年経過後でも外観上の変化はないことが確認されている。

2.2.3　検査路

検査路は，橋梁等の構造物に設置される点検，管理用の通路であり，通常は，鋼製のものが設置されている。図 6 に，桁形式の FRP 検査路の概念図を示す。鋼製検査路は，1 パネル（標準的な支間長 6 m）で約 320 kg であるのに対し，FRP 検査路は約 100 kg となる。鋼製検査路と比べ，施工期間が半減した実績もある。FRP 検査路は，軽量であるため，既設構造物への後付け施工に有用である[18]。

設計[3]は，FRP 歩道橋に準じており，一般に，たわみ制限（設計荷重 3.5 kN/m^{2}に対して支間長 L の 1/100 以下）が設計で支配的となる。2 主桁橋の横桁間隔に対応した，全長 10 m 級の検査路も開発されている。

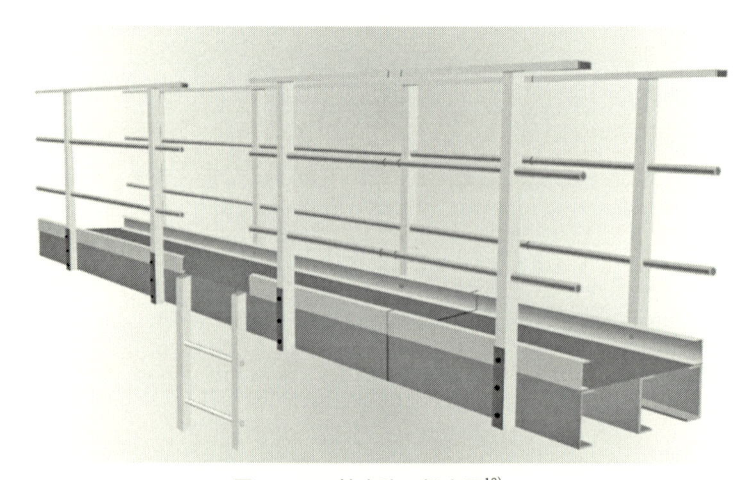
図6　FRP 検査路の概念図[18]

図7に，サンドイッチパネル床版を有するトラス桁形式FRP検査路[19]を示す。この形式では，たわみを抑制するためにトラス桁を，また，軽量化のためにサンドイッチパネル床版を採用している点に特徴がある。

2.2.4　水門扉

小形水門扉（扉体面積10 m^2以下）に対して，FRPが適用されている。図8に，GFRP製スライドゲートの一例を示す。FRP水門扉は，昭和40年代から導入されており，これまでに国内で500件を超える施工実績がある。ダム・堰施設技術基準（案）に準拠した，FRP水門設計・施工指針（案）[4]が土木学会から制定されている。設計では，歩道橋と同様に，静水圧によるたわみ度（$L/600$）が支配的であり，設計時の応力は小さい傾向にある。設計法は，許容応力度設計法

(a)概要　　(b)鋼鈑桁への設置状況

図7　サンドイッチパネル床版を有するトラス桁形式FRP検査路

図8　GFRP製スライドゲートの施工事例[4]

表2　材料強度に対する各種構造物の安全率の比較[3)]

構造物	鋼	FRP	FRP／鋼
歩道橋	1.7	3.4	2
水圧管	1.8	3.6*	2
水門扉	2.0	4.0	2

*FRP水圧管では，クリープ破壊強度（長期強度）に対する安全率

であり，安全率は4.0となっている。部材の接合方法は，水密性を確保するために，ステンレスボルトと接着剤による併用接合であり，設計上，接着剤による効果は考慮していない。

2.2.5　設計の現状と課題

土木構造物へのFRPの適用が進められつつあり，歩道橋や水門扉では，設計指針が示されている。一般に，FRP構造物の設計では，使用性の照査で，たわみ制限が支配的であり，剛性設計が基本となることから，鋼に比べて弾性係数が小さいFRPは，必ずしも有利な材料とはいえない。したがって，構造全体で剛性を高めるために，トラス構造が多用され，吊構造が併用されることもある。より効率的に剛性を高められる構造形式の開発も期待される。

また，材料強度に着目した場合，使用性（たわみ制限）で構造物の断面が決定されているため，作用応力は一般に小さい。表2に，材料強度に対する各種構造物の安全率を比較して示す[3)]。鋼とFRPの材料の相違に対する比率は2であり，用途・対象構造物により，安全率が決定されている。これらのことから，FRP構造物の作用応力は，材料強度に対してかなり余裕があり，設計ではFRPの材料強度が有効に活用されていないともいえる。

一方，土木構造物では，板厚が厚くなることも多く，その材料強度を評価する場合，JIS等の標準的な試験方法では対応できない場合がある。また，FRPは，積層方向の強度が小さく，特に，部材同士の接合部では，複雑な破壊形態となることも多い。構造用FRPの材料強度あるいは接合部を含む部材の耐力の適切な評価方法についても，今後，整備する必要がある。

2.3　FRP接着による鋼構造物の補修・補強事例

金属系の材料にFRPを接着して補修，補強する技術は，主に航空機分野で開発され，発展してきた[20)]が，軽量なFRPは現場でのハンドリングに優れるため，鋼橋等，鋼構造物の延命化技術の一つとして期待されている。近年，国内外で研究開発が進められ，実構造物へ適用されている。ここでは，補修・補強に適用される材料，設計・施工の概要，鋼構造物への適用事例と特徴，海外における設計ガイドラインの整備の状況および研究開発の動向と課題について紹介する[11,12)]。

2.3.1　適用材料[11,12)]

FRPは，強化繊維（種類，方向）と樹脂の組み合わせにより様々な機械的性質を持つが，鋼構造物の補修・補強に用いられる材料は，一方向強化材のFRPであり，主に，炭素繊維シート

(CF シート)，炭素繊維ストランドシートおよび炭素繊維強化樹脂プレート（CFRP 板）等である。また，アラミド繊維シートは，電食防止用，表面保護用等として補助的に用いられている。図 9 に，補修・補強に用いられる FRP 材料[11]を示す。多くの施工事例では，CFRP が適用されている。CFRP は，鋼やコンクリートと比べて軽量であること，繊維方向の弾性係数，強度はそれらと同程度以上であることが主な特徴である。また，FRP は，一般に化学的に安定した材料であるため，耐腐食性に優れている。

FRP 接着による補修・補強では，FRP を鋼部材と接合し，一体化させることが重要である。接合材料としては，常温硬化型のエポキシ樹脂系の含浸接着樹脂および接着剤が用いられるが，鋼部材の表面が平滑でない場合には，接着剤と併せてプライマー，不陸修正材が用いられる。

連続繊維（糸状の繊維）シートは，ドライシート（例えば，CF シート）ともよばれ，現場で，それらに樹脂を含浸・硬化させ，鋼部材と一体化させる。CF シートは，硬化後，CFRP 板と同等の性質となる。

また，予め工場にて連続繊維に樹脂を含浸させ，プレート状（帯板状）あるいはストランド状（細い棒状）に加工した成形材（例えば，CFRP 板，炭素繊維ストランドシート）は，現場において接着剤を用いて鋼部材に接合される。

2.3.2　設計・施工の概要[11,12]

補修・補強設計では，FRP が接着された鋼部材の断面を，完全に一体化された合成断面と考え，作用力に応じて引張剛性あるいは曲げ剛性を算出して，着目部位の応力または変位が所定の値まで低減されているかどうかを照査することになる。図 10 に，FRP 接着による鋼部材の補修・補強の概念図を，軸力および曲げモーメントの作用力別にそれぞれ示す[11]。補修・補強対象の区間は，定着長を除く，FRP と鋼部材が完全に一体化された合成断面の仮定が成立する区間である。

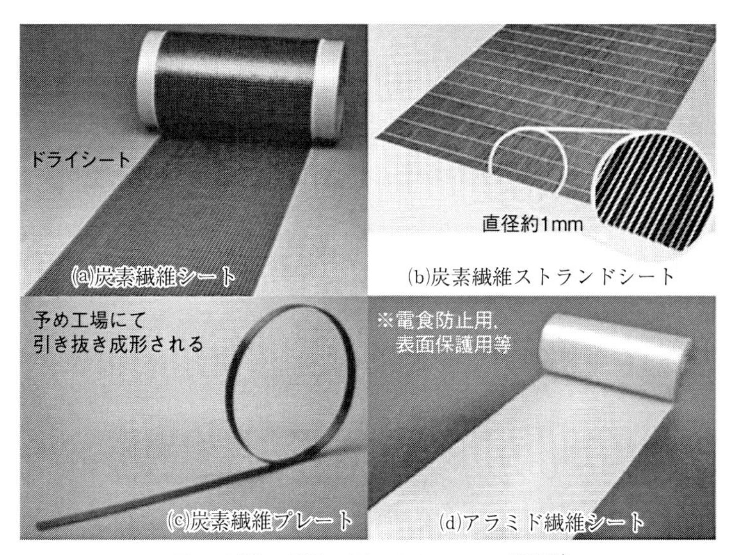

図 9　補修・補強に用いられる FRP 材料[11]

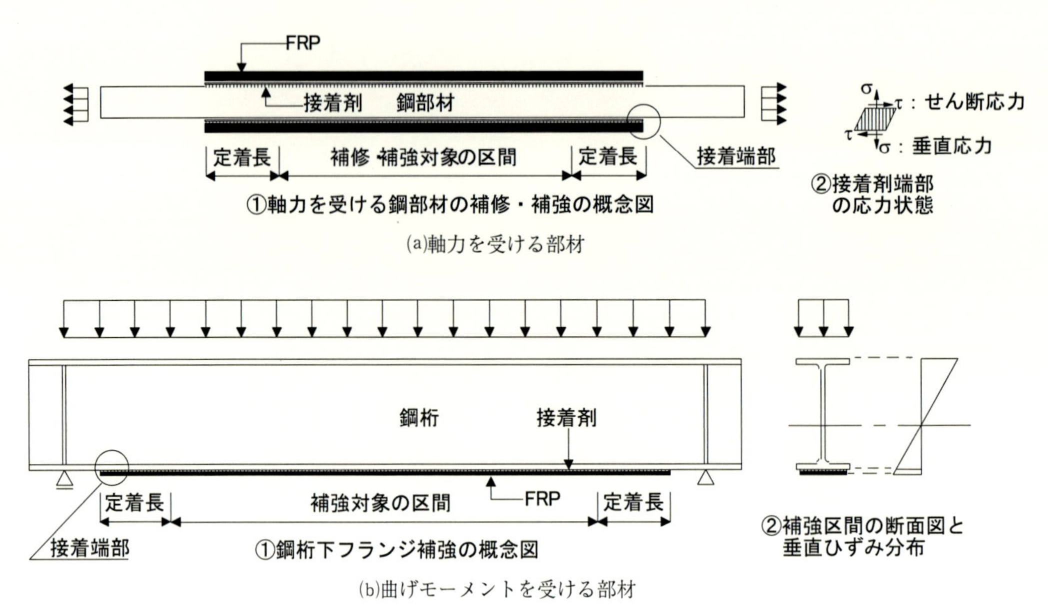

図10　FRP 接着による鋼部材の補修・補強の概念図[11)]

定着長とは，鋼部材の作用力の一部が接着剤を介して FRP に伝達される区間であり，この区間では完全な合成断面とはならないことに留意する必要がある。ただし，リベットやボルト接合と比べて，母材から補修・補強材への力の伝達は短い距離で達成されるため，FRP を用いた補修・補強では合成断面とされる範囲を長く確保できる利点がある。

一方，FRP の接着端部は断面の急変部であるため，その端部付近の接着剤には，図中に併記したようにせん断応力とピール応力とよばれる垂直応力が作用する。これらの応力が接着剤の限界強度に達するとはく離することになる。したがって，FRP 接着による補修・補強設計では，接着端部からのはく離に対して十分な配慮が必要となる。

また，死荷重の作用下で，FRP が接着される場合，FRP は，活荷重等の後荷重に対して，荷重の一部を負担するが，死荷重をほとんど負担しない。これに対して，プレストレスを導入した FRP を接着する場合や，構造物をベント等で一時的に仮受けする場合には，FRP を接着することによって死荷重時の応力も緩和できるが，後者は大掛かりな工事となることに留意する必要がある。また，プレストレスを導入した場合，荷重が載荷される以前に接着剤層内にせん断応力が生じるため，接着端部からのはく離が早期に発生する可能性がある。そのため，作用する荷重とはく離強度についての検討が重要となる。さらに，プレストレスを導入した場合，接着剤に持続的に応力が作用するため，クリープの影響も考慮する必要がある。

施工においては，接着接合を確実にするために，下地処理が極めて重要である。第一種ケレン（ブラスト処理）が最も望ましいが，実施工では，ディスクサンダー等を用いて下地処理を行う場合が多い。接着作業では，常温硬化型エポキシ樹脂の場合，24 時間程度で十分な接着強度が得られるが，温度が低い場合には養生時間が長くなり，5℃以下では加温養生する必要がある。

接着後は，必要に応じて，クランプ等で固定される。さらに，水，紫外線による劣化を防止するため，仕上げとして，表面に塗装が施される。

2.3.3　適用事例と補修・補強の特徴[11,12]

本項では，文献11)，12)で収集し，整理された，補修・補強の適用事例とその特徴について，作用力別に紹介する。

(1)　軸力を受ける部材の補修

軸力を受ける部材にFRPを接着して補修・補強が行われるのは，鋼橋の主部材の腐食断面欠損部の補修を対象としたものが多い。腐食により断面欠損が生じた部位の断面剛性を，初期性能まで回復させるためにFRP接着による補修が実施されている。表3に，補修事例[11]を示す。軸力を受ける部材のうち，トラス橋の弦材や斜材およびアーチ橋の吊材が補修の対象となっており，いずれも引張力を受ける部材である。図11に，トラス橋の軸力部材への適用例を示す。全ての施工事例では，補修・補強材料として，CFシートあるいは炭素繊維ストランドシートが採用されている。以下に，その主な特徴を示す。

① 工期短縮が可能：交通規制の早期開放が求められる場合，他工法より施工期間の面でメリットがある。

② 重機等を使用しない：繊維，樹脂ともに軽量で，人力での運搬・施工が可能であるため，大掛かりな装置を必要としない。

表3　軸力を受ける部材の補修事例[11]

No.	橋梁・構造物名	構造形式・橋梁形式	補修部位	施工年月
1	浅利橋	鋼3径間連続ワーレントラス橋	トラス下弦材	2007年6月
2	本城橋	単純下路トラス橋	トラス斜材	2008年11月
3	歩道橋	下路アーチ橋	吊材	2011年10月

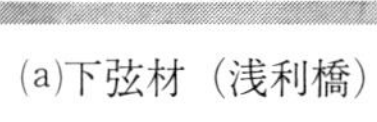

(a)下弦材（浅利橋）　(b)斜材（本城橋）

図11　トラス橋の軸力部材への適用例[11]

③ 母材への影響がない：接着により母材と一体化するため，溶接による熱，ボルト孔等の母材へのダメージがない。

④ 断面増が少ない：高弾性・高強度の炭素繊維を使用するため，施工後の断面増が少なく，景観を損なわない。

CF シートおよび炭素繊維ストランドシートは，ほかの補強材と比較して，接着面積を広く取ることができること，端部をずらして積層することから，はく離に対して有利になる。したがって，軸力を受ける部材のような，作用力が一様であり，FRP の定着端部にも高い応力が作用する部材の補修に適している。

表 3 の施工事例では，鋼部材の腐食による断面欠損分の剛性と同等以上の剛性を有する FRP を接着することにより，断面欠損部の剛性を健全部と同等以上まで回復させることを基本としている。

また，文献 21)では，高伸度弾性パテ材を鋼部材と接着層の間に設けるため，鋼部材から FRP への伝達の低下を考慮して，FRP の積層数に応じた応力低減係数を乗じて，FRP の必要断面積の設計式を与えている。

(2) 曲げモーメントを受ける部材の補修・補強

曲げモーメントを受ける部材の補修・補強は，FRP を接着した補強断面の剛性を高くすることが有効である。したがって，CF シートに比べ剛性が高い CFRP 板が採用される事例が多い。CFRP 板は，炭素繊維を固化させ板状にした部材であり，この材料を用いた補修・補強工法の特徴を以下に示す。

① 製品は工場製作のため品質が均一で，炭素繊維シートに比べ炭素繊維の含有量が多く剛性が高い。

② 軽量であるため運搬，ハンドリング等の施工性に優れている。

③ 接合方法は接着剤による接合であり，ボルト締め等による断面欠損を伴わない。

④ 腐食に対する耐久性が高く，施工後のメンテナンスがあまり必要とならない。

表 4 に，曲げモーメントを受ける部材の補修・補強事例を示す。使用材料はすべて CFRP 板である。

曲げモーメントを受ける部材を補強する場合，補強により着目した点（たとえば鋼桁の下フラ

表 4 曲げモーメントを受ける部材の補修・補強事例[11)]

No.	橋梁・構造物名	形式	補修・補強部位	施工年月
1	S 橋	5 径間連続ゲルバートラス	横桁下フランジ	2002 年 4 月
2	工場建屋	化学工場タンク架台	小ばりの下フランジ	2004 年 11 月
3	山倉橋	単純合成 I 桁橋（3 連）	主桁下フランジ	2006 年 3 月
4	滝口橋	単純活荷重合成鈑桁	主桁下フランジ	2008 年 4 月
5	大名橋	単純活荷重合成桁	主桁下フランジ	2009 年 8 月
6	寄井喜多橋	単純リベット桁橋	主桁下フランジ下面，上フランジ下面	2011 年 3 月

ンジ下端）における作用応力度が所定の値よりも低減されたかどうかを照査することになる。補強後の鋼桁の曲げ応力度の照査は以下の式となる。

$$\sigma = \frac{M}{I_v} \cdot y < \sigma_a \tag{1}$$

ここに，σは曲げモーメントによって生じる直応力（N/mm^2），Mは作用曲げモーメント（N・mm），I_vは接着したCFRP板を含んだ断面2次モーメント（mm^4），yは重心位置から鋼桁の下フランジの下端までの距離（mm），σ_aは道路橋示方書に示される鋼材の許容応力度（N/mm^2）である。

図12に，曲げモーメントを受ける部材の補強工事の一例[11]を示す。本橋（S橋）は，5径間ゲルバートラス橋であり，設計荷重の変更（B活荷重への対応）のために，横桁がCFRP板接着により補強された。CFRP板は，予め工場において，厚さ12 mm（10層），幅200 mm，長さ2,100 mmに積層加工された（重量約10 kg）。現場では，横桁の下フランジ下面をディスクサンダーで下地処理した後，専用治具で接着剤を均一に塗布し，加工済みのCFRP板を接着している。約24～48時間の養生後，クランプを取り外し，塗装して仕上げている。横桁補修箇所数は41箇所あり，取り付け作業は約1週間で完了している。鋼板をボルトで取り付ける工法の場合，施工に必要な日数は45日であり，大幅な工期短縮を実現している。

(3)　耐疲労性の向上を目的としたFRPの適用検討

FRPの利用法としては，活荷重，風荷重等の繰返し荷重を受ける鋼部材にFRPを接着して補修・補強し，疲労耐久性の向上を図ることも考えられる。図13に，標識柱基部の三角リブに対する試験施工の実施例[11]を示す。ストップホールを施工してき裂の先端を除去し，さらに，CFシートを接着することで，ストップホール縁の応力を低減し，き裂の再発生の防止を図るものである。CFシートの曲面への適用性と補修効果が疲労試験で事前に検証され，試験施工が行われ

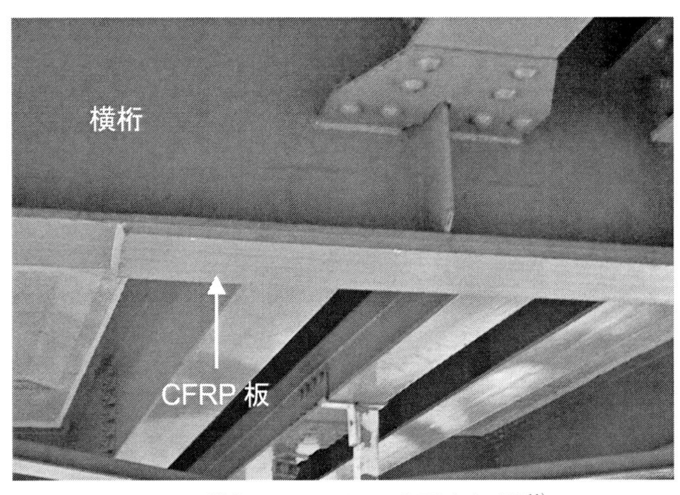

図12　横桁下フランジへの適用例（S橋）[11]

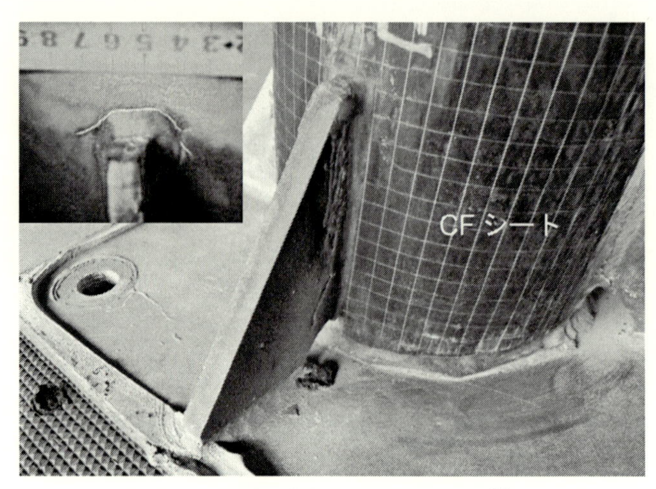

図 13　標識柱基部の疲労き裂の補修[11)]

た。約 2 年後に撤去されたが，き裂の発生は確認されなかった。疲労耐久性の向上を目的とした適用事例は，この試験施工以外，報告されていない。

⑷　円形鋼製橋脚の耐震補強

耐震補強については，「炭素繊維シートによる鋼製橋脚の補強工法ガイドライン（案）」[5)]が既に発刊されているものの，実施例は 1 例であり，検討事例も少ない。図 14 に，阪神高速道路湾岸線（天保山料金所）の円形鋼製橋脚の施工事例[11)]を示す。本事例では，柱定着部の耐力，断面が小さいこと，また，建築限界から柱外部への補強部材の設置が困難なことから，CF シートを橋脚の周方向に巻き立てる方法を採用している。CF シートを，橋脚の軸方向に 1 層，周方向に 3 層巻き立てている。同時に，中詰めコンクリートの抜け出し防止のために適切な補強対策が行

図 14　円形鋼製橋脚の耐震補強事例[11)]

われている。施工期間（約11日間）のうち，CFシート巻立ては4日で完了し，工期短縮にも有用であったと報告されている。

(5)　桁端腐食部のFRP接着補修

桁端ウェブと垂直補剛材の腐食部に対してFRP接着補修が行われている[22,23]。桁端ウェブと垂直補剛材の腐食は，鋼桁において腐食事例が非常に多い箇所である。当該箇所は，伸縮継手部からの漏水の可能性があり，補修後も腐食しやすい環境であるため，耐食性に優れたFRPが補修材料として優位と考えられる。文献24)，25)から，補修の前後で，試験車両を走行させた際に生じた作用応力が示されており，FRP接着によって，主桁ウェブの応力が20％程度低減することが示されている。

また，桁端ウェブの腐食によるせん断耐力の低下に対するFRP接着補修に関する研究が行われ[24,25]，高伸度弾性パテ材を鋼部材とFRPの間に設けることで，大きな荷重までFRPがはく離せずにウェブの面外変形に追随でき，腐食したウェブのせん断耐荷力を向上できることが示されている。その成果として，文献21)のマニュアルでは，桁端部の腐食部へのFRP接着補修法が示されている。

2.3.4　海外における適用事例と設計ガイドラインの整備の状況

欧米を中心に，FRP接着による補修・補強の事例がある。特に，イギリスで多くの適用事例があり，主に，車両荷重の増加に伴う耐荷力向上のために，補強が行われている。補強の対象は，歴史的，文化的な価値のある鋳鉄橋あるいは初期の鋼橋であり，構造の改変が少ないこと，また，施工が簡便で短工期である点が高く評価されている[26]。他方，アメリカでも，応力の低減を目的として，鈑桁橋の下フランジにCFRP板を接着して補強した試験的な事例がみられる。

このように適用実績が蓄積されつつある中で，海外では，FRP接着による鋼構造物の設計ガイドラインが，イギリス[27,28]や，イタリア[29]で策定されている。また，アメリカでは，大学を中心に研究開発された成果に基づいてガイドラインを提案している例[30]もある。

2.3.5　研究開発の動向と課題

研究開発の国際的な動向は，国際学会「International Institute for FRP in Construction（IIFC）」に設置されているワーキンググループ「FRP-Strengthened Metallic Structures」において，論文，設計ガイドライン，施工事例が収集され，書籍[31]として発刊されている。

一方，国内における研究開発の状況については，文献11)，12)に，調査結果がまとめられている。その中で，接着接合に関して最も多く検討されていることが示されている。図15に，鋼とFRPの接着接合部における典型的な破壊形態の模式図[11]を示す。実験等では，接着剤内部の破壊である，凝集破壊や，鋼部材と接着剤の界面はく離がしばしば観察される。複数の破壊形態が混在するケースがあること，各破壊形態に対する強度が異なることから，破壊形態とそれらの強度の評価が困難となる側面がある。

土木学会では，これらの知見を反映して，はく離に対する抵抗強度（接着接合部の限界値）を適切に評価する試験法を提示して，接着接合部のはく離を照査する設計・施工指針（案）を示し

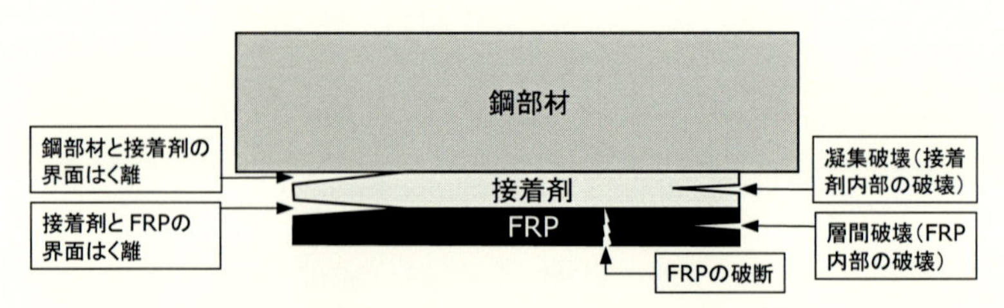

図15　接着接合部における破壊形態の模式図[11)]

ている[32)]。

接着接合部の耐久性に関する課題として，熱応力，クリープ，ガルバニック腐食等も検討されているが，国内外ともに成果が少ない。接着接合部の環境作用（水，紫外線等）に対する経時変化，疲労耐久性等の基礎データの蓄積が望まれる。

2.4　まとめ

本稿では，土木分野におけるFRPの適用事例について紹介した。FRPの最大の特長は，軽量で腐食しないことであり，鋼，コンクリート等の従来材料にはないそれらの利点を活用して，様々な土木構造物に適用されている。FRPの建設分野へ適用は，比較的新しく，設計法についても開発の途上であることから，上述したような課題の検討が望まれる。さらに，FRPは，既設のコンクリート構造物あるいは鋼構造物の補修・補強材料としても適用されているが，従来材料との複合化をより積極的に活用した新しい構造形式の開発にも期待したい。

文　　献

1)　構造工学委員会，FRP橋梁－技術とその展望－，構造工学シリーズ14，土木学会（2004）
2)　複合構造委員会，FRP歩道橋設計・施工指針（案），複合構造シリーズ04，土木学会（2011）
3)　東日本・中日本・西日本高速道路㈱，設計要領第二集，橋梁建設編（2017）
4)　複合構造委員会，FRP水門設計・施工指針（案），複合構造シリーズ06，土木学会（2014）
5)　コンクリート委員会，連続繊維シートを用いたコンクリート構造物の補修補強指針，コンクリートライブラリー101，土木学会（2000）
6)　㈶土木研究センター，炭素繊維シートによる鋼製橋脚の補強工法ガイドライン（案）（2002）
7)　新日鐵住金マテリアルズ㈱，鋼部材のストランドシートによる補修・補強工法施工指針（案）（2012）
8)　アウトプレート工法研究会，アウトプレート工法設計・施工マニュアル（案）（2012）
9)　広島工業大学・東レ建設㈱，S－ラミネート工法設計・施工マニュアル（案）（2007）
10)　三菱化学産資㈱，eプレート工法施工指針－S造編（2006）

11)　複合構造委員会，FRP 接着による鋼構造物の補修・補強技術の最先端，複合構造レポート05，土木学会（2012）
12)　複合構造委員会，FRP 部材の接合および鋼と FRP の接着接合に関する先端技術，複合構造レポート 09，土木学会（2013）
13)　J. L. Clarke (ed.), "Structural Design of Polymer Composites, EUROCOMP Design Code and Handbook", E & FN Spon, (1996)
14)　T. Mottram *et al.*, "Fibre-reinforced polymer bridges-guidance for designers", CIRIA, C779 (2018)
15)　National Research Council, "Guide for the Design and Construction of Structures made of FRP Pultruded Elements", CNR-DT 205 (2007)
16)　L. Ascione *et al.*, "Prospect for new guidance in the design of FRP", European Commission JRC, Report EUR 27666 EN, (2016)
17)　American Society of Civil Engineers, "Pre-Standard for Load and Resistance Factor Design of Pultruded Fiber Reinforced Polymer Structures" (2010)
18)　栗田繁実ほか，宮地技報，23，pp. 13-18（2008）
19)　石井佑弥ほか，土木学会論文集 A1（構造・地震工学），**72**(5)，pp. II_33-II_45（2016）
20)　A. Baker *et al.*, "Advances in the Bonded Composite Repair of Metallic Aircraft Structures", Elsevier (2002)
21)　高速道路総合技術研究所，炭素繊維シートによる鋼構造物の補修・補強工法設計・施工マニュアル（2013）
22)　岩尾省吾ほか，土木学会第 65 回年次学術講演概要集，CS2-004，pp. 7-8（2010）
23)　藤野和雄ほか，土木学会第 65 回年次学術講演概要集，CS2-005，pp. 9-10（2010）
24)　奥山雄介ほか，構造工学論文集，**58A**，pp. 710-720（2012）
25)　奥山雄介ほか，土木学会論文集 A1（構造・地震工学），**68**(3)，pp. 635-654（2012）
26)　鋼構造委員会，歴史的鋼橋の補修・補強マニュアル，土木学会，鋼構造シリーズ 14，pp. 51-52（2006）
27)　S. S. J. Moy (ed.), "FRP Composites-Life Extension and Strengthening of Metallic Structures", ICE Design and Practice Guides (2001)
28)　J. M. C. Cadei *et al.*, "Strengthening Metallic Structures Using Externally Bonded Fibre-Reinforced Polymers", CIRIA, C595 (2004)
29)　National Research Council, "Guidelines for the Design and Construction of Externally Bonded FRP Systems for Strengthening Existing Structures - Metallic Structures" (2007)
30)　D. Schnerch *et al.*, *Construction and Building Materials*, **21**(5), pp. 1001-1010 (2007)
31)　X. L. Zhao, "FRP-Strengthened Metallic Structures", CRC Press (2013)
32)　複合構造委員会，FRP 接着による構造物の補修・補強指針（案），土木学会（2018）

第3章　防護資材分野

1　産業用途で使用される防護服

磯田　実*

1.1　はじめに

防護服は,「1種類以上の危険有害因子（ハザード）から身体を防護するための服」と定義される。作業環境には様々な危険有害因子が潜んでいることから，これら危険有害因子から身体を防護するためには，必要な防護服を適切に選択し，使用しなければならない。

ここでの危険有害因子とは，アスベスト等の有害粉じん，オルトトルイジンを含む有機溶剤等の有害化学物質，ウイルスや細菌等の病原体，熱や炎，切創や突き刺しといった傷を生じさせる恐れのある高速飛散物及び鋭利物，放射性汚染物質，電気，寒冷等のことを言う。

これらの危険有害因子の存在下で作業等を行う者に，危険有害因子及び防護服に対する知識が不足している場合，防護服の選択を誤ったり，使い方を誤ったりしてしまうことにより，受傷したり健康障害を起してしまう恐れがある。また，汚染された防護服をそのまま作業場外へ持ち出すことは汚染を外部に拡散させることとなり，結果として作業者以外の人々を二次的に危険有害因子にばく露してしまうことになる。

これらのリスクを極小化するためには，事前にリスクアセスメント等を実施し作業環境に存在する危険有害因子を調査・特定するとともに，その危険有害因子に対して適切な防護服の種類や性能を持つ製品を選択し，また，使用方法，保守管理等についても正しい知識を身に付け，実施することが必要となる。

1.2　防護服の分類

防護服は，防護すべき危険有害因子の種類によって，以下のように分類することができる。

ⓐ　化学防護服
ⓑ　バイオハザード（生物学的危険有害物質）対策用防護服
ⓒ　熱と火炎に対する防護服
ⓓ　切創・突き刺しに対する防護服
ⓔ　放射性物質による汚染に対する防護服
ⓕ　電気に対する防護服
ⓖ　寒冷に対する防護服
ⓗ　高視認性安全服

*　Makoto Isoda　(一社)日本防護服協議会

ⓘ　その他の防護服

1.3　作業内容に応じた選択方法

適切な防護服を選択するには，リスクアセスメントを実施する必要がある。まず実施する作業を特定し，対象となる作業中において，実際にばく露するまたはばく露する可能性のある危険有害因子をリストアップする。そしてリストアップした危険有害因子の種類や作業時のばく露時間，ばく露量，気温，作業条件等のさまざまな要素を考慮し，対象となる危険有害因子，必要とされる防護レベル及び防護範囲（全身か腕部のみか等）から使用する防護服の種類を決定する。

なお，防護レベルや防護範囲を決定する際，対象となる作業のリスクに対応するために使用する防護服以外の安全対策，例えば工学的対策や，併用する呼吸用保護具，防護手袋，安全靴，保護めがね等の保護具を考慮し，防護服で対応すべきリスクを明確にする。その上で，危険有害因子に応じて防護しなければならない身体部位を特定し，どのような防護が必要か，防護の程度（レベル）を検討する。防護レベルや防護範囲が決定したら，必要とされる条件を満たす防護服に関する情報を調査，検討する。そして採用候補に挙がった防護服を試験的に着用し，その防護服が着脱しやすいか，予定する作業が行えるか等を検討して最終的に使用する防護服を決定する。危険有害因子の種類によっては，海外に Selection, Use, Care and Maintenance に関するガイドラインが存在する場合があるので，参考にすることができる。

特定の作業向けの防護服について，厚生労働省から通達や指針といった形で指導が行われている場合があるため，選択時に留意する必要がある。

1.4　性能，特長及び使用上の留意点

1.4.1　化学防護服

皮膚が酸，アルカリ，有機薬品，粉じん等の有害化学物質にばく露または接触することから身体を防護するために使用する服である。

化学防護服は，防護服の構造（形，スタイル）や素材（材料）によって性能が大きく異なる。蒸気やガスへの防護性能が必要な場合には，服の内部を気密に保持する「気密服」（写真１）や，服内部に圧縮空気を送り込むことにより服内を陽圧にし，外部からの蒸気やガスが入らない構造になっている「陽圧服」を選択する。一方，蒸気やガスへの防護性能は必要ないが液体や微粒子への防護性能が必要な場合には，液体防護用密閉服や浮遊固体粉じん防護用密閉服等の「密閉服」（写真２）を選択する。また，液体からの防護で，被液箇所が限定的である場合は，アームカバーやエプロンといった被液箇所を覆うことのできる部分防護服も選択が可能となるが，部分防護服では蒸気，ガス，粉じんに対する防護はできないことについて留意が必要である。

材料についての耐化学薬品性能は，主に耐透過性，耐浸透性の試験結果を基に判断する。浸透という現象は，化学物質が，防護服の多孔質材料，縫合部，ピンホール，その他の不完全な部分等を非分子レベルで通過するプロセスであり，固体なら固体のまま，液体なら液体のまま防護服

写真1　気密服　例

写真2　密閉服　例

を通過する。透過という現象は，防護服材料に劣化や孔あきが見られなくても化学物質が分子レベルで材料を通過するプロセスのことであり，このプロセスは眼で見ることができない現象であるのと，防護服内側に気体として通過してくるため，透過が起こっているのに気づかずに作業を続けてしまい，皮膚に化学物質が接触し皮膚障害を起こしたり，経皮吸収により健康障害を起こしたりする。

そのため化学防護服の選択にあたっては対象となる化学物質の種類や性質，作業内容，作業環境温度，作業時間等に応じて化学防護服の構造や材料を選択することが必要となる。

耐透過性等の性能データは各防護服メーカーがWEBで公開したり紙媒体で提供したりしているので，これを入手することで防護服の材料が使用する有害化学物質に耐透過性等を持つかの判断が可能となる。

さらに，化学防護服には，使い切り（限定使用）のものと再使用可能なものがある。使い切りとは除染が必要になるまで，又は化学物質の汚染によって廃棄が必要になるまでの間，使用できるものを言う。再使用可能なものを再使用する場合は，防護服の汚染除去が確実に行われていることや汚染除去後も防護性能を満たしていることが確実でなければならない。

化学防護服のJIS規格はJIS T 8115であり，防護服の構造，試験内容ごとにタイプ分けがされている。使用現場でのばく露形態を考慮した際に適したタイプに適合した防護服を選択することもポイントとなる。

アスベストやダイオキシン類等の一部の有害物質を扱う作業等では，有害物質の種類や作業内容によっては通達や指針で定められた防護服の着用が必要となるため，留意しなければならない。

素材例としてはポリオレフィン系の不織布や樹脂を組み合わせたり，化学物質へのバリア性を持った素材に厚みを持たせたり積層したりしたものが使われている。

1.4.2　バイオハザード対策用防護服（写真3，写真4）

生物学的危険有害物質（病原体等）から身体を防護するために使用する服である。病原体（病

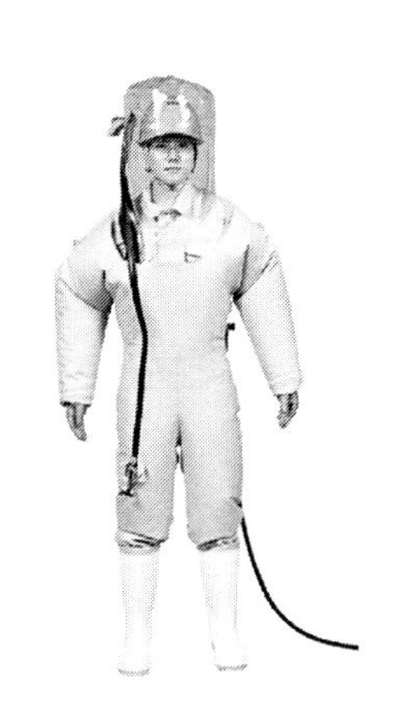

写真３　バイオハザード対策用気密服・陽圧服　例

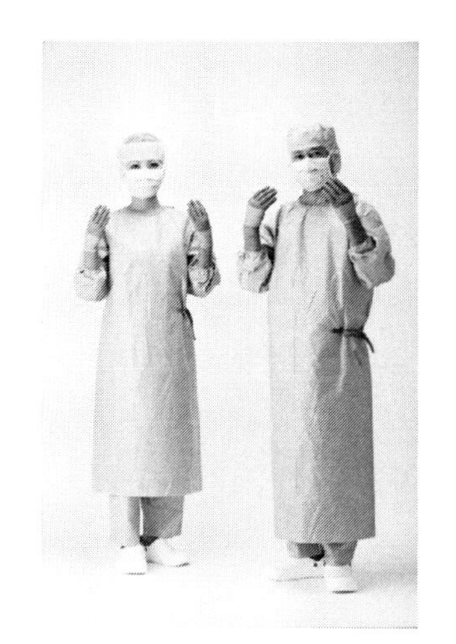

写真４　バイオハザード対策用部分防護服　例

原体そのもの，患者，保菌者等を含む）や感染性の血液，飛まつ（沫），感染性エアロゾル等から防護するために使用する。

個々の病原体の危険性と感染経路に対応した防護性能を有するものを選択する必要がある。またバイオハザード対策用防護服は，防護手袋や呼吸用保護具等と併用する場合が多く，それぞれの防護性能を適切に把握し，使用する必要がある。

バイオハザード対策用防護服の規格には，JIS T 8122 がある。

1.4.3　熱と火炎に対する防護服

熱や火炎から身体を防護するために使用する服で，種類には，溶接及び関連作業用防護服，耐熱耐炎服（写真５）と難燃服（写真６）がある。

溶接作業用防護服は，溶接業や鋳造業等の溶接及び関連作業現場において，スパッタ，放射熱，

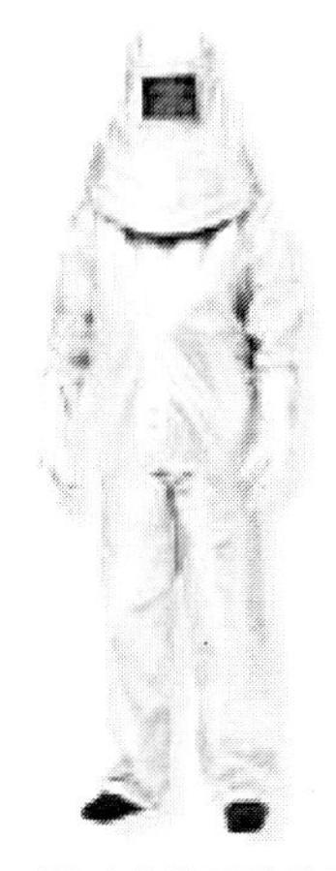

写真５　溶接及び関連作業用防護服，耐熱耐炎服　例

写真６　難燃服　例

炎，電気アーク等の作業中の熱傷リスクから身体を防護するために使用する。

耐熱耐炎服は，製鉄所や鋳造工場，鉄工所等の作業現場において，熱及び火炎から身体を防護するために使用する。

両防護服とも，アラミド繊維等，耐熱性能を持った材料を使用し表面をアルミ加工等したものが一般的に使用されている。ただしアルミ加工等された防護服は，表面のアルミ等が油等で汚れたり，薬品等が付着すると光沢がなくなり，熱の反射が悪くなり防護性能が低下するため注意が必要である。

難燃服は，可燃物や爆発物を取り扱う作業において，事故の際の突発的な火災から身体を防護するために使用されている。材料は，難燃性能を持ったものを使用する。難燃服は再使用するタイプが多いが，材料自体に難燃性があり洗濯しても性能がほとんど劣化しない，例えばアラミド繊維等と，綿等の材料に難燃性を持たせる後加工を施したものがある。洗濯により難燃性能やその他の付加機能が低下するものがあるので注意が必要である。

熱と火炎に対する防護服の選択，管理及び使用上の注意についての規格には，JIS T 8006がある。製品規格は複数のJIS規格が存在するが，適切な規格を参照するためには，難燃性だけで良いのか，遮熱性も必要なのか等のリスクアセスメントが必要となる。

1.4.4 切創・突き刺しに対する防護服（物理的脅威に対する防護服）

チェーンソーや刃物等の鋭利物による切創や尖った物による突き刺しを防止するために使用する服である。

林業等で使用する手持ちチェーンソーによる切創から身体を防護するためのチェーンソー防護服（写真7）がある。作業中に防護服が損傷を受けた場合は，直ちに交換が必要となる。

また，食肉の解体や加工を行う作業に用いられるような，ナイフ・刃のある工具等の鋭利物による切創や尖ったものによる突き刺しから身体を防備するために使用する切創及び突き刺し防止防護服（図8）がある。ただし，注射針に代表されるような細い針状物による突き刺しに対しては，効果が無いか，限定的となる。

切創・突き刺しに対する防護服（物理的脅威に対する防護服）の規格には，JIS T 8120，JIS T 8121，JIS T 8123，JIS T 8125等がある。

1.4.5 放射性物質による汚染に対する防護服

放射性物質による身体や衣服等の表面汚染防止を目的とした服である。

作業環境の汚染程度により，服外から呼吸可能な空気を供給し，服内の陽圧を保持する換気加圧服である陽圧服か，非換気非加圧である密閉服を選択し，使用する。密閉服には防水性を目的としたアノラック形防護服（写真9），耐粉じんを目的とした不織布製カバーオール（写真10）等がある。

これらの防護服は通常，放射線の遮蔽は目的としないため，放射線による被ばくに対する防護性能が無いことに留意すべきである。

防護服等の選択に際しては，原則的には施設の放射線管理者や放射線防護機関等の指示のも

写真7　チェーンソー防護服　例

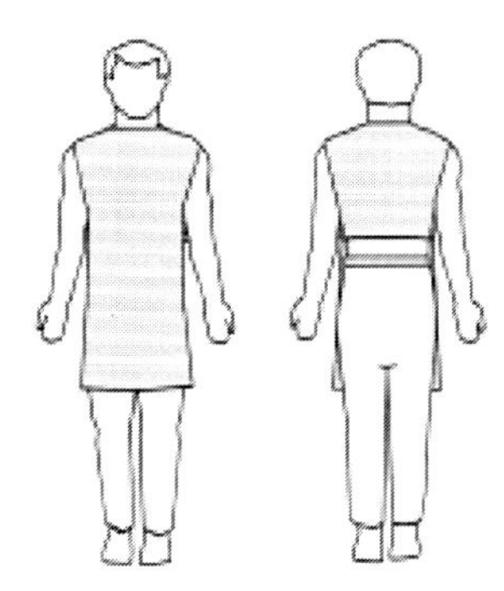

図8　切創及び突き刺し防止防護服　例

写真9　アノラック形　例

写真10　不織布製カバーオール　例

と，各施設の運用方法やマニュアルに従うこととなる。

放射性物質による汚染に対する防護服の規格には，JIS Z 4809がある。

一般的に施設内で減容化（焼却）されるため，焼却時に有害ガスが発生しない素材が使用される。

1.4.6　電気に対する防護服

電気による危険から身体を防護するため及び静電気に起因して発生する災害を防止するために使用する服である。絶縁衣（絶縁用保護具），静電気帯電防止服及び導電服の3種類がある。

絶縁衣（絶縁保護具）は，高圧活線作業や高圧活線接近作業において，感電から身体を防護するために使用する服であり，労働安全衛生規則により規定されている絶縁用保護具の一つとなる。絶縁用保護具は労働安全衛生法第44条の2により，型式検定で合格したものを使用し，6ケ月に一度，定期自主検査を実施しなければならない。

静電気帯電防止服は，材料に帯電防止機能を持たせ，静電気の放電による爆発・火災の防止及びクリーンルーム等で回路障害等による生産の妨げを防止するために使用する。静電気対策では，帯電防止服を着用するだけではなく，静電気帯電防止作業靴を併用し，床を導電床にする必要がある。導電服は，超高圧送電鉄塔等における活線作業で電磁誘導がある場合，発生する誘導電流が服を通じて流れることによる電気的障害を軽減するために使用する服である。導電服を使用する場合は，頭から足元までカバーするために，安全帽カバー，導電手袋，導電靴下，導電靴及び導電安全帯を全て接続して使用する必要がある。

静電気帯電防止作業服の規格には，JIS T 8118 がある。

1.4.7　寒冷に対する防護服

寒冷や悪天候から身体を防護するために使用する服である。耐寒服，防寒服がある。

耐寒服は，極寒地または冷凍庫内等の作業において寒冷環境から身体を防護するために使用する。

また，液化天然ガス（LNG）その他工業ガスを液化する極寒作業では，呼吸を確保するため自給式呼吸用保護具を併用する。

防寒服は，寒冷地または冷蔵庫内等における寒冷から身体を防護するために使用する服である。

1.4.8　高視認性安全服（写真 11）

高視認性安全服は，着用者の存在について視覚的に認知度を高めるために使用する服である。すなわち，明るい場所ではあらゆる光の下，暗い場所では車両等のライトの下で，着用者を目立たせ，車両や機械等との接触・衝突を避けるために使用する。

高視認性安全服は，デザイン（形状）によって，高視認性（クラス）が異なるため，作業内容，作業環境等に応じて，選択すべきデザイン（形状）を正しく選択する必要がある。また，保温性や快適性が必要な場合は，必要な性能を付与された製品を選択する。

使用されている蛍光素材や再帰性反射材は，日光にさらされることや作業中等の接触，洗濯等により性能が劣化していくので，高視認性が保たれているか定期的に確認する必要がある。

高視認性安全服の規格には，JIS T 8127 や JSAA 規格「一般利用者向け高視認性安全服規格」等がある。

写真 11　高視認性安全服　例

1.4.9　その他の防護服

その他の防護服として，雨衣・ウィンドブレーカーがある。

雨衣・ウィンドブレーカーは，風雨等で身体がぬれることを防止するために使用する服である。

1.5　使用にあたっての点検事項

防護服を使用するにあたっては，まず作業前点検を実施する。破れやほつれ等，防護服としての機能を失する不具合がないか点検する。また，体の大きさにあったサイズか，作業中を通して上衣と下衣の重なりが維持できるサイズか，他の保護具と併用する場合はその接合部に隙間が生じないかどうかも作業前に確認することが必要となる。

1.6　適切な保守・管理方法

防護服の保守・管理については，取扱説明書やマニュアル等に従って適切に行う必要がある。防護服によっては洗濯等日常的な行為や，使用すること自体で性能が劣化することに留意する。危険有害因子に対する防護性能を失った場合は，決められた手順で環境汚染等に配慮して廃棄処理をしなければならない。

1.7　その他使用上注意すべき事項

危険有害因子が防護服の表面に付着している場合，脱衣時に再発じん等環境中に再び拡散させることが無いよう，また，それを吸い込んだりしないよう留意して脱衣しなければならない。このような場合の着脱の手順は，管理者が個々の現場特有の条件に合わせて作成する。一般的には，一番保護したい部位（呼吸器等）を保護する保護具を一番最後に脱ぐことができるように手順を作成する。また，可能であれば汚染された防護服の表面を内側にするよう丸め込みながら脱ぐことにより，再発じんや脱衣中に触れてしまうリスクを低減することが可能となる。

1.8　昨今の傾向

防護服は，外部からの危険有害因子を服内に入れないことを目的とする構造上，服内から服外に熱や湿気を逃がしにくいものが多い。また，重量がある防護服では着用者にかかるストレスはより大きいものとなる。そのため，熱中症対策として通気性や透湿性を高めたり，負荷軽減のために軽量化を目指したりと新しい素材が開発されている。しかしながら，より高いレベルで防護性能を求められる防護服においては未だに快適性と防護性を両立するには至っていない。

また，従来の防護服は単一の危険有害因子のみを対象としていたが，マルチハザード対策と言われる，複数の危険有害因子（例えば，有害化学物質と火炎対策）に使用可能な防護服も開発され，発売されてきている。

2 防火服の要求特性

石川修作*

2.1 はじめに

2.1.1 日本における防火服の歴史

日本において防火服の始まりは江戸時代に武家が使用した火事装束と言われる革羽織と，町火消が好んで着用した木綿の長半纏や法被であるとされている。一般に言われている刺子とは防火被服の代表とされる。その構造は綿布を二枚または三枚重ねて縫い合わせ，一枚の生地としていた。消火活動の際には水をかぶり刺子に水を含浸させて使用することが多く，重くて冬季には凍るなど活動性は良いと言えるものではなかったようである。刺子はその後も防火被服として使用され続け，昭和の時代までその形状を少しずつ変化させながら使用され続けた。昭和に入り綿布にゴムをコーティングした防火服生地が開発された。コーティングの基になる生地は綿が主流だったが，戦後に開発されたポリエステルや難燃繊維にもこの構造が応用され，従来の刺子よりも安全性と活動性が大きく向上し，防水にも優れていたことから全国の消防機関に普及した。今日でも多くの消防団や自衛消防などで幅広く使用されている。

2.1.2 日本における防火服の現状

現在，自治体の消防吏員が使用している防火服は布製が主流である。1999 年に出版された建物火災用個人防護装備の国際規格である ISO 11613（現在は廃盤となり ISO 111999 シリーズに置き換えられている。ISO 11613 は新たに建物火災消火支援者用防護服の規格として規格番号はそのままで内容が見直されている）が出版されてからは，この規格にある要求基準が国内では防火服の基本的な要求性能とされ始めた。これらの要求性能を満たすために，使用される生地はほとんどが空気中の酸素と結びつきにくい分子構造を持つ難燃繊維で作られるようになった。このことにより耐熱性に優れ，軽量で活動性に優れた防火服が全国に普及した。

近年の防火服に使われている生地は難燃繊維であり，耐熱性の優れたメタ型アラミド繊維，強力と弾力性に秀でたパラ型アラミド繊維，PBO 繊維，PBI 繊維が代表的なものとして挙げられる。複数の企業が製造しており，その製品にはそれぞれ特長が有る。また，以前の防火服は一枚の布で作られていたが，熱防護性を高めるために表生地・防水層・遮熱層など多層構造で構成される構造に変化した。近年の防火服は防水性能が進化している。以前はゴムを引くことで防水性能を出していたが，最新の防水層は，防水性能のみならず内部の湿気を外に出す透湿機能を持たせた被膜を防水層に使うことで，防水性と快適性を両立させている。

2.2 防火服に求められる性能規格

2.2.1 国際規格（ISO）による性能規格

現在，ISO（国際標準化機構）の規格の中で，防火服の関する規格は二つ存在する。一つは建

---

* Shusaku Ishikawa ㈱赤尾 東京営業部 営業部長

物火災用個人防護装備 ISO11999-3：2015（以下 11999）である。火災が発生した建物の内部に侵入して消火活動を行う消防隊員の装備を規定しており，高いレベルでの火と熱に対する防護が示されている。11999 の中にはレベル 1 とレベル 2 の二つの基準が存在する。

レベル 1 は欧州規格（EN 469）を基準とし，一定の熱防護性を基にし，機能性と快適性を考慮している。2017 年 3 月に総務省消防庁より通知された消防隊員用個人防護装備に係るガイドライン（改訂版）もこの国際規格を踏まえている。

レベル 2 は米国防火協会規格（NFPA）を基に作られている。レベル 2 の要求項目は，レベル 1 のそれよりも高い熱防護性が求められている。

もう一つは建物火災消火支援者用防護服 ISO 11613：2017（以下 11613）である。この規格は火災発生時の建物に侵入して活動する防護服としての想定しておらず，消火活動において最低限の火と炎に対する防護性能を規定している。11613 は一つの基準で設けられており，レベル分けは存在しない。

2.2.2　ISO の性能要件

国際規格で要求されている性能要件は表 1 の通りである。11999-3 については総務省消防庁の消防隊員用個人防火装備に係るガイドライン（改訂版）の基になっているレベル 1 との比較を「表 1 」にまとめた[1)]。

2.2.3　日本国内の防火服性能基準・規格

(1)　JIS 規格

日本には建物火災用防火服に関する日本工業規格（JIS）の規格は存在しない。

(2)　服制基準

消防庁から出されている「消防吏員服制基準」並びに「消防団員服制基準」の防火衣には以下「表 2 」のような記述がある[2)]。内容は消防吏員も消防団員も同じものである。

(3)　消防隊員用個人防火装備に係るガイドライン

消防庁より平成 23 年 5 月に「消防隊員用個人防火装備に係るガイドライン」（以下「旧ガイドライン」が通知された。その後，平成 29 年 3 月には改訂版（以下「新ガイドライン」）が通知されている。

通知文書によると，ガイドラインは「建物火災へ屋内進入する消防隊員が，より安全に消火活動を行うための個人防火装備に求められる機能及び性能を示すことを目的として ISO 規格などの基準を基礎とし「ガイドライン」を策定した」とある。位置づけとして消防組織法（昭和 22 年法律第 226 号）第 37 条の規定に基づく助言であるとされている。

平成 29 年 3 月に通知された「新ガイドライン」は ISO 11999-3：2015 が出版されたことにより，従来の「旧ガイドライン」の参考とされた国際規格が変わったことを契機として見直された。

防火服のガイドラインについて，旧ガイドラインからの見直し部分としては，①肩と膝部分を想定した圧縮時熱伝導性試験の追加，②耐吸水性試験の追加，③金属類などの腐食抵抗試験の追加，④高視認性素材の耐炎性ほか試験の追加，⑤リストレット（手首の絞り部分）の耐炎性試験

表1　ISO 基準

	ISO 11999-3 レベル 1	ISO 11613
耐炎性 （積層・表面着火）	ISO 15025 前処理後 上部・端部火炎伝播 穴あき、着火、溶融、滴下不可 残炎≦ 2 秒 残塵なし	ISO 15025 前処理後 手順 A（表面着火） ・（中衣あり） 着火・溶融不可 穴あき＜5 mm 残塵≦ 2 秒 残炎≦ 2 秒 ・（中衣なし） 着火・溶融不可 残炎≦ 2 秒 手順 B（上部・端部火炎伝播） 着火・溶融・残塵不可 残炎≦ 2 秒 炭化長＜100 mm
熱伝達性（火炎） （積層）	ISO 9151 前処理後 HTI 24 ≧ 13 秒 HTI 24-HTI 12 ≧ 4 秒	ISO 9151 前処理後 HTI 24 ≧ 9 秒 HTI 24-HTI 12 ≧ 3
熱伝達性（放射熱） （積層）	ISO 6942 前処理後　40 Kw/m^2 RHTI 24 ≧ 18 秒 RHTI 24-RHTI 12 ≧ 4 秒	ISO 6942 前処理前後　40 Kw/m^2 RHTI 24 ≧ 10 秒 RHTI 24-RHTI 12 ≧ 3 秒
熱伝達性（同時） （積層）	ISO 17492 前処理前後 TTI ≧ 1,050 kJ/m^2 （9151・6942 実施の場合不要）	
耐熱性（積層）	ISO 17493 前処理前後 180℃ 5 分 溶融・滴下・分離・発火不可 熱収縮率≦ 5% 表地・衿裏　炭化不可 防水層・縫目　滴下・発火不可	ISO 17493 前処理後 180℃ + 5℃　5 分 溶融・滴下・分離・発火不可 熱収縮率≦ 5% 表地・衿裏　炭化不可 防水層・縫目　滴下・発火不可
耐熱性 （釦・ファスナー）	ISO 17493 180℃ 5 分 発火不可、機能すること	ISO 17493 180℃ 5 分 発火不可、機能すること
耐熱性 （リストレット・ 反射テープ）	ISO 17493 180℃ 5 分 溶融・滴下・分離・発火不可	
耐熱性（縫糸）	ISO 3146 260℃ + 5℃ 発火・溶融・炭化不可	

表1　ISO 基準（つづき）

引張（表地暴露後）	ISO 13934-1 積層でばく露 6942：2002 A 法 熱流束 10 KW/m^2 引張抵抗≧ 450 N	織地 ISO 13934-1 積層でばく露 6942：2002 A 法 熱流束 10 KW/m^2 引張抵抗≧ 450 N 編地は要求なし
圧縮熱（補強部）	ISO 12127 膝補強部 55 kpa 肩補強部 14 kpa 接触部温度 180℃ CCHR ≧ 13.5	
引張（表生地）	ISO 13934-1 ≧ 450 N	ISO 13934-1 織地≧ 450 N ISO 13938-1，-2 編地≧ 100 kPa（50cm^2） 編地≧ 200 kPa（7.3cm^2）
引裂（表生地）	ISO 13937-2 方法 2 ≧ 25 N	ISO 13937-2 方法 2 ≧ 25 N
縫目強度（表地）	ISO 13935-2 織地≧ 225 N 編地≧ 180 N	ISO 13935-1，2 織地≧ 225 N 編地≧ 100 kPa（50 cm^2） 編地≧ 200 kPa（7.3 cm^2）
液体透過性（積層）	ISO 6530 40% NaOH，36% HCI，37H_2SO_4， 100%オルトキシレン 20℃ ± 2℃ ＞ 80% 最内装浸透なし	ISO 6530 40% NaOH，36% HCI，37% H_2SO_4， 100%オルトキシレン 20℃ ± 2℃ ＞ 80% 最内装浸透なし
はっ水性（表地）	ISO 4920 前処理後　≧ 4	
吸水性（表地・衿裏）	ISO 4920 前処理前後　吸収率≦ 30%	ISO 4920 前処理前後　吸収率≦ 15%
耐水性 （防水層・接合部）	ISO 811 ≧ 20 kpa	ISO 811 ≧ 20 kpa
全熱損失（積層）	ASTM F 1868 PartC 全熱損失 THL ≧ 200 W/m^2 又は ISO 11092 水蒸気抵抗≦ 40 m^2 Pa/W	ISO 11092 水蒸気抵抗≦ 20 m^2 Pa/W
洗濯収縮（積層）	ISO 5077 表地・リストレット 収縮率≦ 5%	ISO 5077 表地　前処理後 収縮率≦ 5%
腐食耐性（金属部）	ISO 9227 5%食塩水で 20 時間 腐食・酸化なし	

※ ISO 11999-3 及び ISO 11613 には追加の要求事項として反射テープとマーキングの要求事項が記されているが，防火服自体の性能とは関連しないため，表には付け加えていない。また任意試験として記されたものとして，燃焼マネキンを用いて火炎を暴露した際の人体が被るであろう火傷率を計測するものや，11999-3 では，防火服を着用し，倒れた着用者を引きずって救出する装置（DRD）の引張抵抗に関する試験などがある。

表2　服制基準

色または地質	防火帽しころと同様とする。
製式	折りえりラグランそで式がバンド付とする。 肩及びその前後に耐衝撃材を入れ，上前は，五個のフックとし，ポケットは左右側腹部に各一個をつけふたをつける。 形状は，写真1，2のとおりとする。

※服制基準から抜粋。

写真1　　写真2

の追加である。

⑷　ISO 11999-3 レベル1と新ガイドラインの相違部分

11999-3と新ガイドラインの相違点は下記の表の通りである。日本国内で流通している防火服の性能を考慮し，11999の要求性能よりも数値を上げているものや，付け加えられているものがある（表3）。

(5) その他，日本国内の基準

その他の日本国内における防火服の認定・基準として，(一財)日本防炎協会が「防火服の防炎製品認定」を，また（一社)日本消防服装・装備協会が「防火服等の自主基準」をそれぞれ出している。各々の認定及び基準は11999規格並びの新ガイドラインの要求性能に準拠しており，各団体が独自の審査で防火服などの認定を行っている。

2.3　防火服の要求特性

防火服に求められる主な要求性能については，①耐炎・耐熱などに代表される熱防護に関係する性能，②引張や引裂きなどの機械的な物性に関する強度の性能，③防火服の表面に化学薬品が付着した場合を想定した耐化学薬品性能，④防火服内部へ，水などが侵入することがないかを検証する防水に関する性能，⑤衣服として本来の衣服内快適性及び運動性能に関係する性能，⑥帯電性などその他に防火服に備わるべき性能，などが挙げられる。各々の要求性能は先に述べたISO並びにガイドラインに具体的に述べられている。

最近の防火服は，熱や炎に対する高い防護性と，快適性，運動性の両立など相反する特性が求められている。これは単に熱や炎に対する防護は当然として，着用者が長時間の高温下での活動の際に，より疲労を軽減できるように，防火服の内部に滞留する水蒸気を外に放散する性能を求めることや，防火服の素材ばかりではなく，着用者の負担軽減につながる縫製やデザインの工夫など，防火服を完成体として評価することがより重要になっている。

一般的な防火服の構造は，表生地・透湿防水層・断熱層の三層構造となっているものが主流である。各々の層で求められる特性は変わってくる。防火服の性能評価として，完成体による評価と，構成する部材各々で評価するものがあり，各々の使用部位と特性により評価方法に違いがあ

表3　新ガイドラインの追加要求事項

引張（表地曝露後）	ISO 13934-1 積層でばく露 6942：2002A 法 熱流束 10 KW/m^2 織地≧ 1,200 N 編地≧ 450 N
引張（表生地）	ISO 13934-1 織地≧ 1,200 N 編地≧ 450 N
引裂（表生地）	ISO 13937-2 B 法 織地≧ 100 N 編地≧ 50 N
耐水性（防水層・接合部）	JIS L 1092：2009 B 法 耐水圧≧ 294 kpa
生地質量（積層）	上衣 650 g/m^2 以下 ズボン 550 g/m^2 以下
帯電性（表生地）	JIS L 1094：2014 C 法 帯電電荷量≦ 7 μC/m^2

る。

現在，11999・新ガイドラインで求められている具体的な数値については前文2.2.2項及び2.2.3項を参照して頂きたい。

2.3.1 熱防護に関する要求性能

(1) 耐炎性

万が一，活動中に火炎が防火服に接触しても生地が着火・炎上することがないように，生地の耐炎性能は防火服に最も重要な評価基準と言える。

11999の基準では，試験は防火服を構成する生地を洗濯した後，ISO 15025：2000 A法（表面着火）に従って防火服と同じ構造に重ね合わせて評価される。

(2) 熱伝達

① 火炎暴露

防火服が直接火炎に晒された時を想定し，断熱性を評価するために行われる。洗濯をした防火服の積層を再現した試験材を用いて，ISO 9151：1995により評価される。熱量は80 kw/m^{2}で，人間の皮膚の表面温度を32℃と仮定し，表面温度が24℃上昇する時間と12℃上昇する時間を求めることにより，防火服内部の温度上昇を検証する。

② 放射熱暴露

防火服が火炎からの放射熱に晒された時を想定し，その断熱性を検証するもの。洗濯をした防火服の積層を再現した試験材を用いて，ISO 6942：2002 B法にて評価される。試験材に40 kw/m^{2}の放射熱を加え，カロリーメーターによって24℃と12℃に上昇するまでの時間を測定する。

③ 火炎と放射熱，両方の防護性

防火服が直接，火炎と放熱を受けたことを想定した試験。11999・新ガイドラインともにISO 9151並びにISO 6942の試験結果があれば，その内容が重複することから必須とならないが，オプション（選択）としてこの試験を用いて熱防護性を検証することができる。

防火服の積層を再現した試験材を用いて，ISO 17492：2003に従って行われる。試験材に80 kw/m^{2}を加え，カロリーメーターにより測定される熱伝達曲線及び第Ⅱ度火傷予測曲線の交点から求められる熱伝達時間（秒）との積（TTI）で表される。この試験の試験材は洗濯前後で行われる。

(3) 耐熱性

火炎などからの熱を受けることによる，防火服素材の変化を見るために実施される。防火服の溶解や燃焼，収縮による縮みがないよう，防火服を構成するすべての材料について実施する。180℃＋5/－0℃の熱循環路に5分間いれて，試験材の変化や収縮の状態を測定する。この試験は防火服を構成する主要な生地ばかりでなく，ファスナー・釦・リストレット・反射テープなどすべての材料を対象として実施される。縫糸については260℃＋5/－0℃で実施される。

⑷　放射熱暴露後の引張抵抗

一般的に生地が高温に曝されると脆くなる傾向がある。防火服は高温下での活動が前提となるので，高温に曝されて生地の性能が劣ってはならない。ISO 6942：2002 A 法に従って 10 kw/m^2 の放射熱を受けた後に ISO 13934-1：1999 に従い引張抵抗を測る。ISO 及びガイドラインでは織地と編地で組織や性格が違うことから，要求数値にも違いがある。

⑸　圧縮時熱伝導性能

これは 11999 並びに新ガイドラインから追加要求事項とされた。肩と膝部分などに圧力をかけた時の熱の伝わりを想定した試験。ISO 12127-1 の手順により，180℃ + 5/ − 0℃の接触温度で膝部試験材には 55 kpa，肩部試験材には 14 kpa の圧力をかけ，熱伝達指数を求める。

2.3.2　機械的な物性に関する要求性能

⑴　引裂抵抗

防火服表生地の破れにくさを計測するために実施される。ISO 13934-1：2013 の手順で測定する。織り方による生地特性の違いから，織地と編地では求められる数値に違いがある。

⑵　引裂抵抗

現場出動中に釘やガラスなどの突起物に触れて防火服の表生地が破れることを想定している。ISO 13937-2：2000 B 法（タング法）で計測される。引裂抵抗と同様に織地と編地では求められる数値に違いがある。

⑶　縫目強度

防火服の表生地の縫目について引裂抵抗を計測する。縫目が破断することによる着用者の危険を回避するためにも必要な要求項目である。ISO 13935-2：2014 に規定されて試験で計測する。生地の組織により縫目の強度も変わることから，この項目も織地と編地では求められる数値が違う。

2.3.3　耐化学薬品浸透性能

液体化学薬品は防火服に付着した場合に，防火服内部に薬品が浸透しないことを確認するためのもの。ISO 6530 または JIS T 8033：2008 によって試験される。防火服の積層を再現した試験材で実施される。40％の水酸化ナトリウム（NaOH）・36％の塩酸（HCl）・37％の硫酸（H_2SO_4）・100％オルトキシレンを 20℃で注入時間 10 秒の間に 80％以上弾くことと，積層体の最内層に達しないことが求められる性能である。

2.3.4　防水に関する性能

⑴　はっ水性能

防火服の表生地は通常，外からの水の浸入を防ぐ目的で，生地表面に付着した水分を弾くためのはっ水処理が施されている。はっ水能力の評価は ISO 4920 または JIS L 1092：2003 スプレー法に従って洗濯前の表生地で行われる。

⑵　耐吸水性

防火服は生地が含水することにより，重量が重くなると同時に，熱伝達性能にも影響を与える。

このことにより11999の規格から，防火服の表生地と襟裏地について耐吸水性能が求められるようになった。洗濯前後の生地をISO 4920の試験方法により評価する。

(3) 耐水性

この性能は主に防火服を構成する透湿防水層とその接合部（縫い目）について行われる。ISO 811が国際的には知られているが，日本の場合は国際規格よりも高水圧で数値が求められるため，新旧ガイドラインではJIS L 1092：2009 B法で行われる。

2.3.5 快適性及び運動性に関する性能

防火服は多層構造であり，着用者は常に大きな身体的負担を強いられる。特に日本のような高温多湿の環境下ではヒートストレスにより着用者の安全が損なわれる場合がある。そのため，11999では全熱損失または水蒸気抵抗（蒸れにくさの目安，数値が低いほど優れている）を，新旧ガイドラインでは全熱損失と潜熱損失の計測を求めており，防火服の快適性を表す目安とされている。

(1) 全熱損失

熱の逃げやすさを表す指標とされる。防火服積層内の熱と水分が積層生地を通して外に放出される熱量。防火服積層内の熱が放射，伝導，対流など水蒸気蒸発以外の熱の移動によって外部に放出される熱量を表す顕熱と，内部の熱が水蒸気蒸発によって熱が外部に放出される熱量を表す潜熱の和が全熱損失である。試験は米国材料試験協会規格（ASTM）F 1868 Part Cにより行われる。

(2) 運動性能

11999では求められていないが，ガイドラインでは防火服の重量が増えることにより，着用者の身体的な負担が増えるため，活動の妨げになるとの考えにより，防火服の上衣・ズボン各々の$1m^2$あたりの質量が求められている。

2.3.6 その他，防火服に備わるべき要求性能

(1) 静電気帯電防止性能

11999では求められていないが，日本国内に流通している消防活動服・救助服などは帯電防止性能を有しており，防火服についても静電気による引火を防ぐ意味から帯電防止性能が求められている。試験はJIS L 1094：2014で行われる。

(2) 洗濯収縮

防火服を洗濯した場合を想定し，ISOとガイドラインには洗濯収縮試験が求められる。仮に防火服を洗濯したあとに，その収縮率が大きい場合，同じ着用者が着たとしても収縮による隙間が生じる可能性があり，防火服が着用者を完全に覆いきれない可能性が考えられることから検証を求められる。ISO 5077：2007またはJIS L 1909：2010に従って求めることが要求されている。

(3) 高視認素材の可視性能

防火服には夜間や煙の中での活動を想定し，着用者の安全を確保するために一定量の再帰性反射材（反射テープ）が使用されている。ISO・ガイドラインともに反射性能の要求性能もさるこ

とながら，防火服の附属品という観点から耐炎・耐熱性能も求められている。

⑷　ハードウエアー腐食抵抗

防火服に使用される布以外の金属などに対して，5％の塩水に 20 時間浸した後に ISO 9227：2012　の条件に従って試験を行った時に腐食や酸化がないかを確認するもの。11999 では要求項目であるが，新ガイドラインでは任意試験とされている。

⑸　染色堅牢度

新旧ガイドラインでは任意とされている。一般的な衣料品では，光による変退色 JIS L 0842 第 3 露光法。洗濯による変退色及び汚染 JIS L 0844 A2 法。汗による変退色及び汚染 JIS L0848。摩擦を受けた場合の生地堅牢度を表す JIS L 0849 摩擦試験機Ⅱ型などの試験で性能が示される。防火服の場合は一般の衣料品とは異なり，高温多湿など悪い環境下で使用されるため，特に必須の要求特性とはされていないが，数年間に渡り防火服を使用することを考慮に入れると，この性能を確認することが望ましい。

2.3.7　参考試験

⑴　燃焼マネキンシステムによる検証

11999・新ガイドラインともに任意試験となっているが，燃焼マネキンに関する国際規格である ISO 13506-1,-2：2017 が出版された。この国際規格は 2008 年に一度出版されたものの改訂版である。システムとしては，センサーを埋め込んだマネキンに防火服の完成体を装着し，火炎バーナーを一定時間マネキンの全方向に放射し，火炎を止めて数分間放置した後，マネキンセンサー温度を測定し人体の火傷予想として計算した結果を火傷率として推定するものがある。このマネキンシステムは日本では 2ヶ所で運用されている。世界的に見てもその稼働台数は多くない。稼働台数が増えてくれば，今後の防火服の総合的な性能評価の一つとして確立すると思われる。

2.4　現在審議中の防火服に係る評価基準

防火服に関する新しい評価基準として，2019 年春現在二つの国際規格（案）が審議を継続している。

2.4.1　ISO TR 21808 SUCAM（個人装備の選定・使用・維持・管理に関する手引き）

防火服の維持管理についての国際規格化に向けての話し合いが続けられている。この規格はヨーロッパでは，ユーザーから起案されており，今後は規格化に向けて話し合いが進むものと思われる。総務省消防庁のガイドラインには防火服だけでなく，防火帽，防火靴手袋などについても装着や選定，取り扱いの手引きが書かれている。

2.4.2　ISO CD 23616（個人装備の洗濯・維持・修理）

国際規格化に向けて 2018 年から実質的な話し合いが始まった。2021 年 9 月までに国際規格化を目指し，検討が進められる。近年，海外においては消防隊員が消火活動中に現場で浴びる有毒物質と，撤収後にそれを除去しないことによる影響の研究が進んでいる。また，消防活動中，有害な化学物質に晒された際に，呼吸や皮膚からの吸収による発癌についても研究がなされている。これらの研究成果が出始めると，消防出動後の装備品に関する有害物質の除去方法や，その保管のあり方などがより具体的に示されてくるであろうと思われる。

2.5 おわりに

近年，消防活動の守備範囲は単なる消火活動だけに及ばず，多発する自然災害や複雑化する都市型災害，テロなど様々な場面が包括されるようになってきている。今後の防火服に求められるものは，火や熱からの防護のみならず，NBC や CBRNE などの複雑化する事故・災害にも最小限対応が可能な防護服に対応していく方向に向いていくかも知れない。機能が多く盛り込まれているからといって，重くて蒸れて活動性を阻害するものでは本末転倒になる。従って，本来あるべき防火服をしっかりと見据えて，使用者が何を求めているかを考えながら今後の防火服は設計されるべきである。

文　献

1) 平成 29 年 3 月 7 日，総務庁消防庁　通知，消防隊員用個人防火装備に係るガイドライン(改訂版)
2) 平成 13 年 4 月 1 日，総務省消防庁　告示，消防吏員服制基準・消防団員服制服制基準

第4章　多用途展開

1　クレージング技術によるナノ多孔ファイバーの開発と展開

武野明義*

1.1　はじめに

極細繊維やナノファイバーは，各種フィルターや汚れの吸着に用いられ，これらは，繊維が細くなることで得られる繊維間の空隙と繊維表面積の増大による界面エネルギーの寄与が，それぞれの効果の源と言える。図1の写真では，ナノファイバーの繊維束が上下に伸びているように見えるが，ポリプロピレンのクレーズ領域の電子顕微鏡写真である。クレーズは孔の部分が着目され，多孔領域として議論されることが多いが，孔を囲っているマトリックス側に着目すると微細な繊維集合体である。ナノ多孔領域とナノファイバー束はほとんど同じものと言える。ここでは，クレージング技術により，竹の節のようにナノフィブリル領域が形成された繊維の開発と展

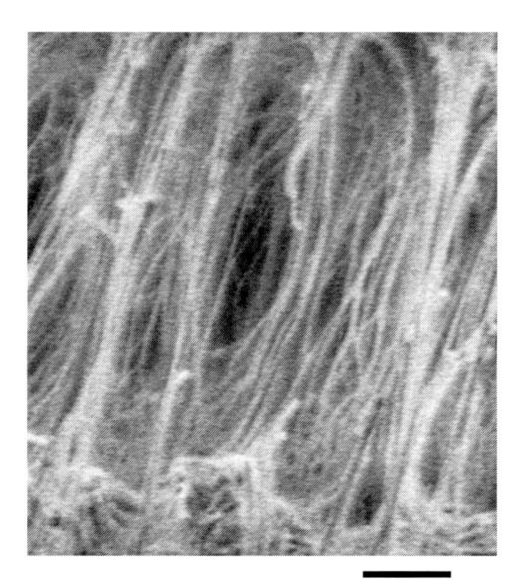

図1　ポリプロピレンに生じたクレーズの走査型電子顕微鏡写真
ナノファイバー状のフィブリルは，観察中にも破断してしまうため，装置内でクレーズを発生させている。クレージングによる多孔化は，ナノ孔を開けると言うよりは，ナノファイバー間の空隙を作っている。

---

* Akiyoshi Takeno　岐阜大学　工学部　化学・生命工学科　物質化学コース　教授，
研究推進・社会連携機構　Gu コンポジット研究センター
センター長

開について示す。また，クレージングを利用して繊維を多孔化する手法は，我々の研究グループが行っているもの以外はほとんど報告例がなく[1]，以降に示す内容もクレージングによる多孔化法の一般論と言うよりは，著者ら研究グループによる限られた範囲のものであることをお断りしておく。

1.2 クレーズとは

多孔繊維の作り方は，繊維の延伸による乾式法や混合した成分を溶剤抽出する湿式法などがある。乾式法のなかでもここでご紹介するクレージング法は，高分子の破壊初期現象を利用した手法である。我々は，もともとフィルムにこの手法を用いてきたが[2,3]，条件さえ整えば繊維であっても同様の手法を使えることが分かってきた。クレージングは，フィルムやシートなどの製品に対して起こる問題点として知られる。通常は，破断応力に近い負荷が加わることで，クレージングによる白化が起こる。白化した原因は，内部に微細な空気の孔ができたためであり，そのサイズは数十ナノメートルの直径であることが多い。このサイズの孔ではレイリー散乱が起こると考える必要があり，決して白く見えるミー散乱が優勢となる孔径ではない。これは，個々の孔のサイズは小さいが，その分布には揺らぎがあるためである。このクレージングが起こるにはいくつかの条件が必要である。それは，外部応力によって分子鎖が容易に移動する状態，すなわち降伏変形あるいはネッキング変形することがないこと，一方，ガラスのように脆性な材料も多孔相を形成することなく破断に移行してしまう。この塑性変形と脆性破壊の中間の力学特性を持つ樹脂についてクレージングが生じやすい。具体的には，ゴムや熱硬化性樹脂のように架橋されている樹脂，エンジニアリングプラスチックのように剛直鎖を持ち脆性な破壊挙動を示す樹脂は適さない。

1.3 繊維のクレージング

フィルムにクレーズ相を形成する場合に比べ，繊維にクレージングを起こすことは非常に困難である。もともと，繊維は軸方向に高度に分子配向性をもっているため，前述のクレージングが起こる条件で言うと，脆性な破断を起こす傾向が強すぎる。そのため，市販の繊維は，クレージングが不可能と思ってよい。半延伸糸 POY（Partially Oriented Yarn）などは，クレージングが起こせる条件に近いが，それでも処理が難しく，紡糸条件を変えながら繊維を作成し，紡糸条件を絞り込むことになる。一方でクレージング現象に関する樹脂側の分子構造適合性についての考察も存在する[4]。同じ高分子材料の変形であっても，塑性変形，クレージング，弾性変形から脆性破壊と様々であるが，これらは，その分子構造，分子量，分子量分布，分子配向性，結晶性などの違いによって大きく挙動が変わってくる。物質が決まってもその物性が同じにならず，成形加工方法によってその特性が大きく異なってしまう点は，高分子材料の特徴である。紡糸された繊維中の高分子鎖は，互いに絡み合っている。この時の絡み合い密度（あるいは絡み合い点間分子量）と高分子鎖の剛直性によってクレージングの可能性が予測できる。ポリエチレンのような屈曲性の分子鎖を持つ高分子鎖は，絡み合い密度が高くなるため，分子鎖の移動を束縛される。一方，エンプラのように剛直分子鎖を持つ高分子の場合は，絡み合い密度は低く，ファンデルワールス力など高分子鎖間の相互作用が重要となる。これにより，前者は塑性変形，後者は脆性な特性を示すことが多い。ここで，クレージングが起こりやすい条件は，両者の中間的な状態であり，分子鎖の絡み合い密度と分子鎖の剛直性（特性比と呼ばれる）によりある程度数値的に特定することができる。すると，クレージングが起こりやすい樹脂を選定することは容易である。しかし，ここにひとつ問題がある。それは，固体状態の絡み合い密度を決める方法がないことである。通常，絡み合い密度は，高分子の動的粘弾性試験により求められる。一定振動数の負荷を試料片に加えながら，温度依存性を測定すると，ガラス転移温度以上になったところで，貯蔵弾性率の安定化がみられる。これをゴム状平坦弾性率とよぶ。高分子鎖の絡み合い点によって弾性率が決まってくると考えられており，この時の弾性率より絡み合い密度を求めることができる。問題は，結晶性高分子の場合である。ラメラ晶は，周囲の分子鎖を結晶内に取り込んでいるため，高分子鎖の絡み合いとして寄与してしまう。つまり，融点以上にして結晶を融解した状態でないと，結晶性高分子の絡み合い密度は求められない。そのため文献値も，溶融状態での値を挙げており，実際に使用する繊維との乖離が避けられない。以上のことから，実使用環境における結晶性高分子固体の絡み合い密度とタイ分子の影響を区別して評価することは困難である。分子鎖の絡み合い密度と剛直性といった数値は，目安にしかならず，現実には紡糸・成形する中で条件を絞り込む必要がある。

1.4　繊維に生じる周期的なクレーズ

実際に繊維にクレージングを起こす方法は非常にシンプルである[5~7]。マルチフィラメントが移動している経路に，上から鋭利な先端を持つ刃のような治具を押し当てる。これにより，繊維は刃先の先端部分で一定の角度で経路を曲げられたようになる。曲げられている部分の繊維1本について考えると，図2に示すように刃に触れている部分に押されて，丁度3点曲げ試験を行う

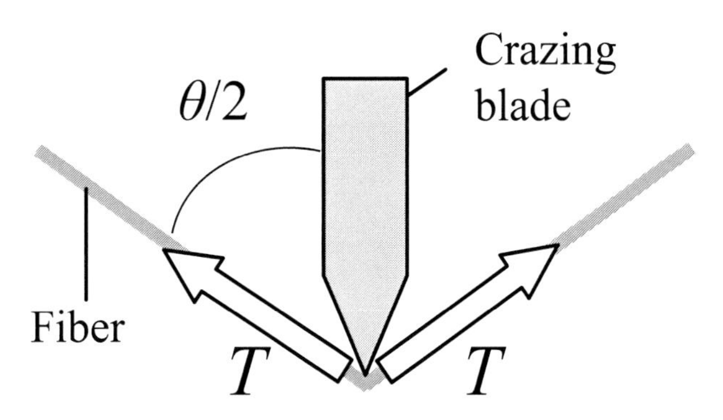

図2　クレージングは，繊維に刃の先端を押し当てて，応力集中を起こすことで発生させる。刃先では繊維に加わる張力に対して刃先が支点となる3点曲げに似た状態になる（Tは張力）。

ように曲げられる。3点曲げ試験では，支点側には繊維に圧縮の応力が加わり，支点に接していな反対面には引張の応力が加わる。この時，繊維にはある程度張力が加わっているため，この張力と曲げによる圧縮と引張を加えたものが，繊維に加わる応力である。この応力の値がクレーズの発生応力を超えるとクレージングが起こる。刃先に応力を集中させているため，この限られた領域にだけでクレージングが起こり，同時にある程度の周期的な多孔化が起こる[8]。図3は，このような処理を行うために試作した高分子ナノ多孔ファイバーの製造装置である。中央付近にクレージングを起こす刃先があり，そこを移動する繊維の張力や刃先で曲げられる角度などを精度よく制御できるように作られている。図4にポリプロピレンのマルチフィラメントにクレージングを行った結果を示す。4枚の写真は，すべて同じポリプロピレン（PP）繊維である。左端から，クレーズが生じている状態，右の写真になるに従ってネッキングの傾向が強くなっている。ク

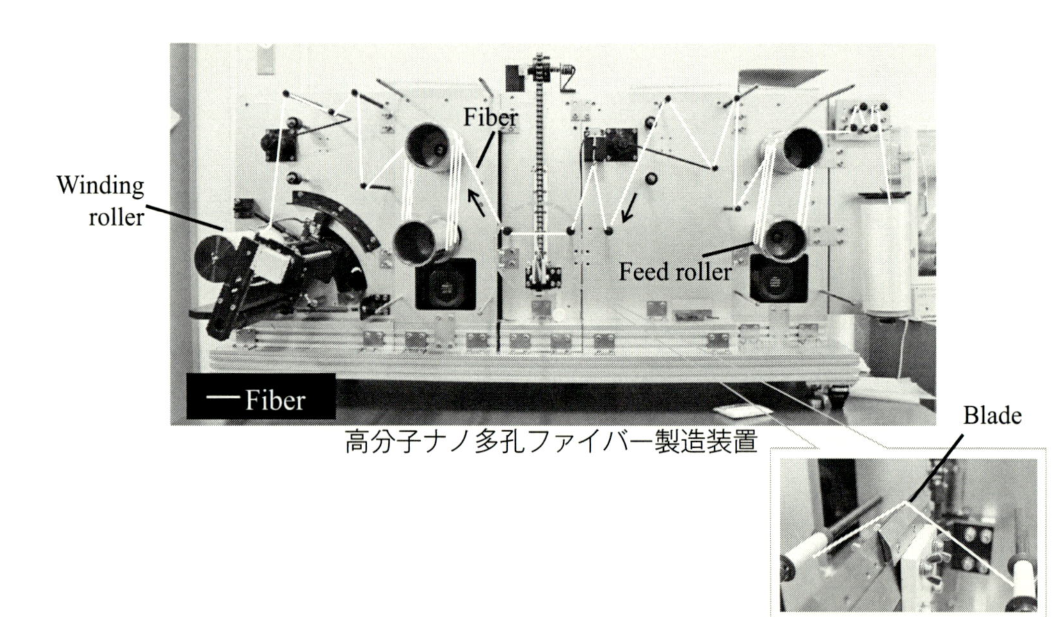

図3　クレージングによるナノ多孔繊維を試作するための装置
中央付近に繊維にクレーズを発生させる刃が取り付けられている。

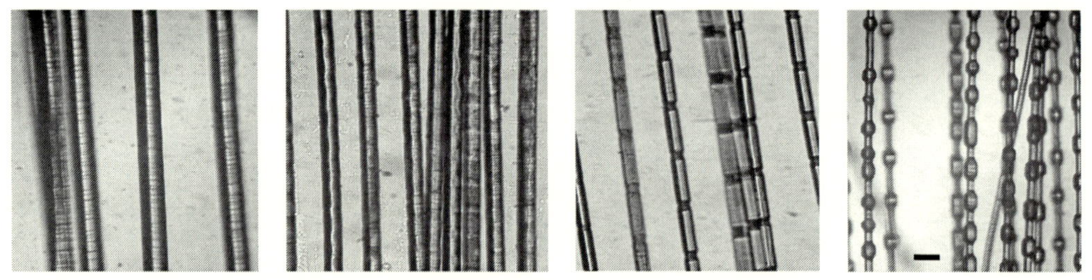

図4　ポリプロピレン繊維にクレージングを目的とした加工を行った場合には，処理条件によりネッキングを起こす場合とクレージングとなる場合がある（繊維直径約50 μm）。

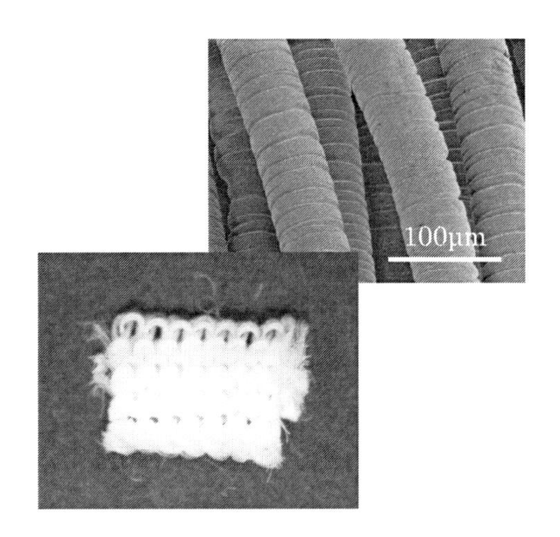

図 5　ポリプロピレン（PP）繊維に，適した条件でクレージングを生じさせると竹の節のように多孔領域が形成される。

レージングは，塑性変形や破断応力に近い条件ながら，クレージングになるよう制御しなければならない。一軸延伸処理を行えば単純なネッキング延伸となる条件でも，この方法ではクレージングが起こる。クレーズが生じた繊維の走査型電子顕微鏡写真について図 5 に示す。竹の節のように窪みのような部分ができていることが分かる。これは若干ネッキングが起こっていることを示している。ネッキングとクレージングの発生応力が接近していたことが分かる。この繊維を繊維軸にそって断面を観察するとネッキングの中はクレーズが発生しており，繊維中央までナノ多孔化している。使用した繊維の樹脂は，汎用品であるがクレージングのために特別に条件を設定し紡糸したものを用いている。一般的に繊維の工業プロセスは，コスト的の面からも高速に行うことが求められ，毎分キロメートルの速度で流れていることもある。しかし，ここに刃先を押し当てるのは非常に難しく，速度を落とさざるを得ない。そこで，クレージングをフィルムの段階で発生させ，それをスリットして繊維化する方法も用いている。こちらの方が生産性が高いため試作品の多くがスリット繊維を使用している。

1.5　孔径の制御

クレージングを利用した多孔化法の重要な特徴は，その製造方法ではなくナノ孔の熱的特性にある。通常，多孔材料は，作製した段階で孔径がきまる。この繊維の場合は，数十ナノメートル径の孔を，特定の条件で収縮し閉じることができる。我々はこの孔が閉じるドライビングフォースをラプラス圧ではないかと考えている[9]。ラプラス圧は，界面自由エネルギーによる自己収縮力である。水中の泡など多くの孔に働く圧力であるが，ほとんどの場合は，弱く問題にならない。しかし，これが微細になると事情が異なる。水中の微細泡を例にとしてラプラス圧を計算すると，水圧が 1 気圧の環境に存在する微細泡は，直径が 200 nm の時に，その内圧は 1.01 atm となる。0.01 atm は，水と空気の界面自由エネルギーにより生じた収縮力である。泡の直径が 10 nm の場合は，計算上 286 atm と非常に高い圧力になる。但し，界面自由エネルギーは，泡の径に依存しないとして見積もっているため，あくまで目安である。このラプラス圧は，固体中であっても生じるはずである。繊維中のナノ孔は，孔の周囲を取り巻く分子鎖の弾性率より低いため，ラプラス圧により縮小することはない。ところが，周囲の温度が上昇し，樹脂の弾性率が低下すると孔は自己収縮してしまう。図 6 にクレージングを発生させた PP マルチフィラメント（36 本）について，環境温度を変えながら試料繊維長が変化する様子を示した。未処理の繊維は温度の上昇とともに繊維長が延びるが，多孔化した繊維は，60℃付近から収縮していることが分かる。PP のガラス転移温度，結晶分散温度，融点などとも異なる。ポリエステルの場合もほぼ同じ温度で縮小が起こり始めるが，若干高めの温度から残留応力の影響も表れる。残留応力とは区別されることに注意が必要である。そのため，熱的な緩和現象と区別して，ここでは熱的にヒーリングすると表現する。図 7 は，このヒーリング過程における孔径の変化を示している。但し，これは繊維でなく PP フィルムの結果である。前述したように，このフィルムをスリット繊維化して使用することができる。フィルムの状態でクレージングを起こし，フィルムの表裏を貫通するクレーズ領域を作る。こうすると多孔領域の連結孔により，気体等の物質を透過する[10]。そこで，液体透過性と気体透過性を測定し，両者から孔径を評価した。評価のため特に孔径が大きめになる条件で多孔化してあるため，当初直径 60 nm ほどである。その後，環境温度が 60℃を超えると急激に孔径が低下し 100℃付近ではほぼ孔は閉鎖する。図の実線部分は実測値だが，破線部分は液体透過性が測定できなかったため，気体透過性の値から推定してプロットしてあ

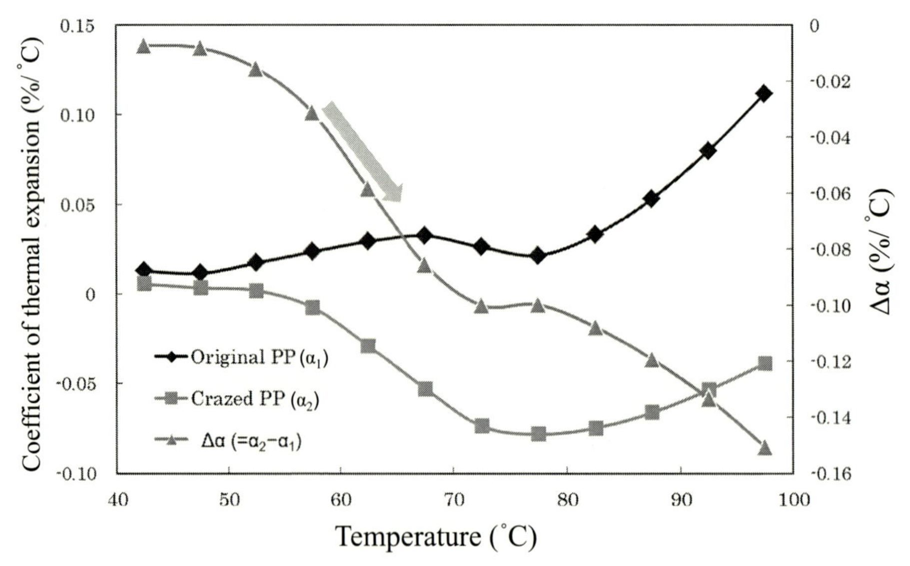

図 6　ポリプロピレン（PP）のマルチフィラメント（36 本）の繊維軸方向における環境温度による試料長変化を示している。クレーズが生じた繊維は，熱膨張に逆らって収縮していることが分かる。

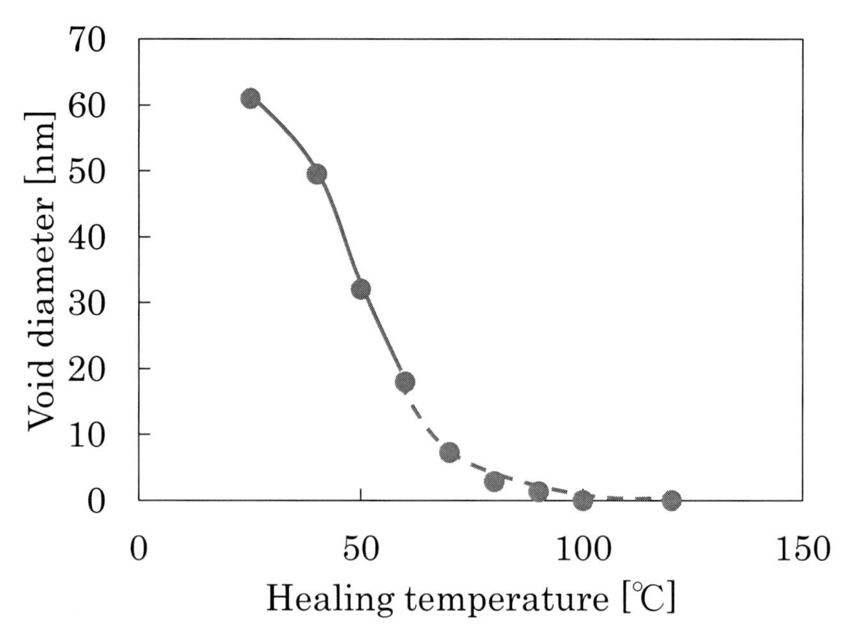

図7　クレーズを発生したポリプロピレン（PP）フィルムの液体透過性と気体透過性から求めた孔径が環境温度により収縮する様子を示している。

る。図より繊維が融解変形することを避けながら熱的に孔の制御ができる。

1.6　孔の中に薬剤を担持した繊維への展開

クレージング技術によるナノ多孔ファイバーの特徴は，この孔径制御にあり，これが薬剤担持に応用できる。PPの染色が通常は不可能なことは知られているが，この多孔化したニットを染色液中に浸すだけで染色できる。図8は，クレージングしたPP繊維で試作したニットを染色浴中に浸してから，取り出し良く洗浄した試料の写真である。多孔化した中央部分のみ染色されている[11)]。この試験では，染色浴中で孔を閉じる操作をしているため，染色部分は繊維内部まで浸透し洗濯により落ちることはない。もし，孔を閉じる操作を行わずに浴から取り出し，水洗した場合，多孔化した部分も含めて染料はすべて落ちてしまう。このように，クレージング技術により多孔化した繊維は，比較的に熱に弱い薬剤や揮発し易い薬剤を担持することに適している。図9にPP繊維とポリエステル繊維について，脂肪分解酵素であるリパーゼを担持した例を示す。高温になると失活してしまう酵素を，樹脂中に練り込むことはできないため，試験的に含浸を行った。どちらの繊維も60℃のヒーリング温度に達するまでは，リパーゼは繊維に浸透するものの，水洗すると容易に溶出してしまう。このことは，繊維表面および洗浄後の水について，酵素の活性を確認することで評価できる。繰り返し洗浄を行い，洗浄水を毎回評価すると，リパーゼがすぐに繊維から溶出してしまうことが分かる。ところが，60℃以上でヒーリングを行うと，明らかに溶出してくるリパーゼの量が減少し徐放する状態になる（徐放領域）。次に，ヒーリン

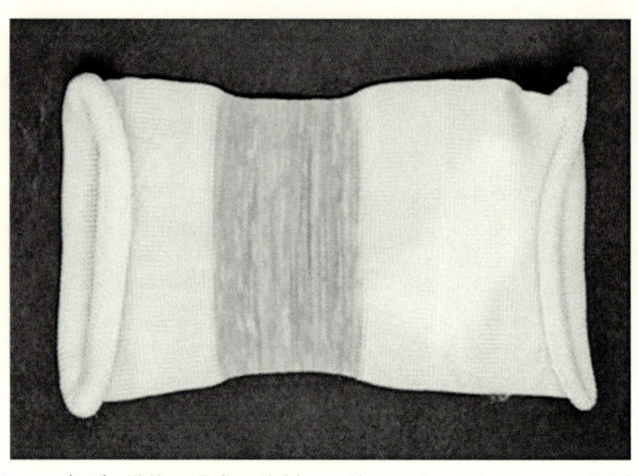

図8　ポリプロピレン（PP）繊維は通常の染料では染まらないが，クレーズが生じている範囲は，染色される。その後，孔を閉じる操作を行っているため，洗浄しても落ちない。
（協力：岐阜県産業技術総合センター）

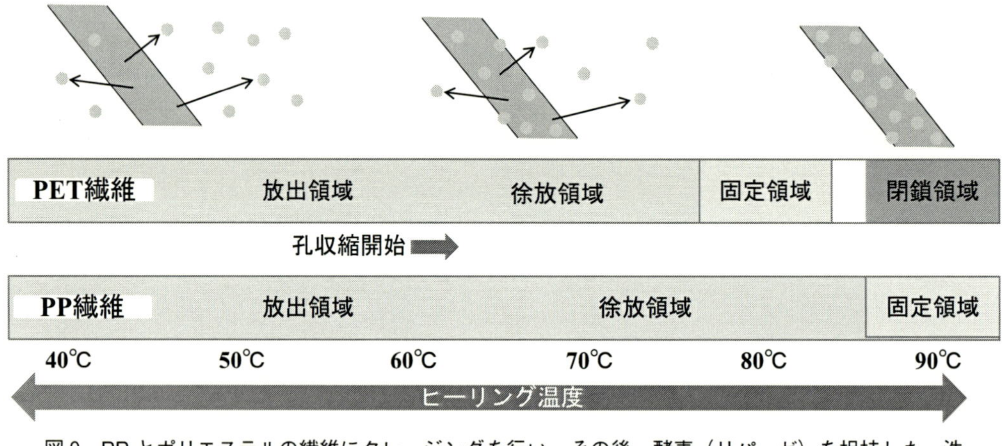

図9　PP とポリエステルの繊維にクレージングを行い，その後、酵素（リパーゼ）を担持した。洗浄水と繊維表面の酵素活性を評価して，孔径の変化に対する担持したリパーゼの放出状況を示した。固定領域とは，検出限界以下の溶出ながら，繊維表面で酵素活性が見られる場合を示し，閉鎖領域は繊維表面の活性も失われたことを示す。

グ温度が 80℃を超えたあたりから，洗浄による溶出リパーゼが検出限界以下になるものの，繊維表面では酵素活性が維持された状態になる（固定領域）。さらに温度が高くなるとポリエステルの場合のみ，繊維表面の酵素活性も消失し完全な閉鎖状態となった。この時，繊維内部にはリパーゼが残っているはずである。この温度で酵素の活性が消失しないことは確認してある。最後に抗酸化性が期待され化粧品などにも使用されているアスタキサンチンを担持した例について示す。着るサプリメントのような衣類を想定し，アイマスク，ネックウォーマー，長手袋などを試作した。図 10 は，ヒーリング温度に対する PP フィルム中へのアスタキサンチンの担持量を示している。図中のビーカーには，アスタキサンチンを含浸したフィルムが入れてあり，ヒーリン

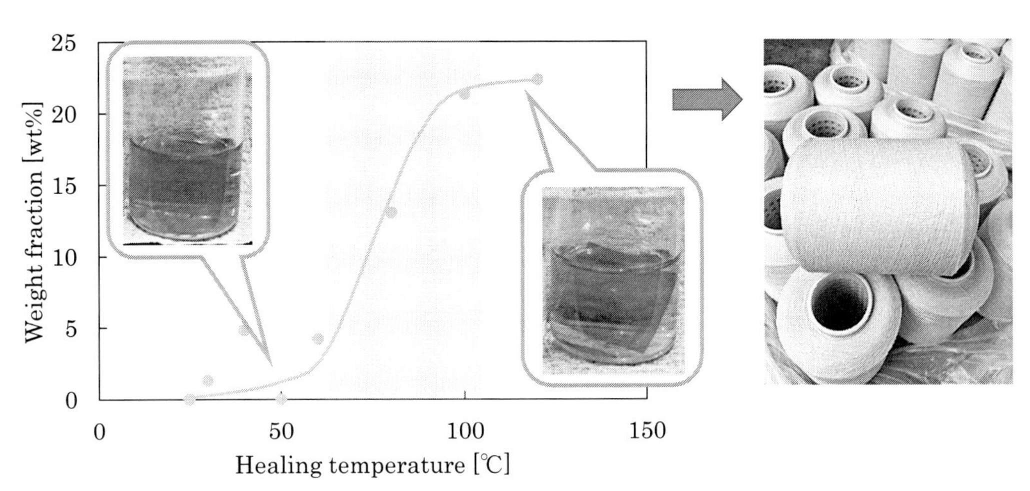

図10　抗酸化機能が期待できるアスタキサンチンをクレージングしたPPフィルムに担持させた。洗浄前にヒーリングして孔径を変化させてアスタキサンチンの残存量を評価した。このフィルムをスリットすることで繊維化できる。

グ前の状態では，溶出して洗浄液に色が付くが，ヒーリング後は，透明で溶出がほとんど見られない。最大で20 wt%担持できることが分かる。クレージングの前後の強度低下はほとんどなく，弾性率のみ低下する。添加剤の繊維への練り込み量を考えると大量の機能剤を担持できることが分かる。このPPフィルムをスリットし，ポリエステルあるいはナイロンなどでカバリングをすることで，取り扱いが容易な繊維となる。図の右側の写真は，多孔PPフィルムをスリットした繊維に後染めでアスタキサンチンを担持している。

1.7　おわりに

クレージング技術は，高度な技術や特殊な薬剤を用いることもない。しかし，この方法を直接使用できる市販繊維は知る限り存在せず，その高次構造などを緻密に管理して紡糸した繊維が必要である。一方で，汎用高分子に広く利用が可能であるため，一度工業的な生産体制が確立してしまえば，非常に低コストな多孔化法になる。この技術を利用した多孔フィルムが，フィルターや気体透過フィルムとして使用されている。また，電池セパレータへの応用も検討されており，繊維も含めて展開可能な用途は広い。

文　　献

1)　A. V. Volkov, A. A. Tunyan, M. A. Moskvina, A. I. Dement'ev, N. G. Volyns A. L. kii Yaryshev, and N. F. Bakeev, *Polymer Science Series A,* **53**(2), 158 (2011)

2) A. Takeno, M. Yoshimura, M. Miwa, and T. Yokoi, *Sen-I Gakkaishi,* **57**(11), 301 (2001)
3) 内藤圭史，武野明義，笹川翔，三輪實，高橋紳矢，高分子論文集，**70**(1)，1-9 (2013)
4) K. Naito, A. Takeno, and M. Miwa, *J. Appl. Poly. Sci.,* **127**(3), 2307 (2013)
5) 武野明義，コンバーテック，**4**，42 (2003)
6) 武野明義，加工技術，**53**(8)，447 (2018)
7) A. Takeno, *Seikei-Kakou,* **26**(6), 253 (2014)
8) A. Takeno, Y. Furuse, M. Miwa, and A. Watanabe, *Adv. Composite Materials,* **4**(2), 129 (1994)
9) Y. Horiguchi, S. Takahashi, A. Takeno, *Japan J. Applied Physics,* **58**, SAAD05(2019)
10) 武野明義，鏡織恵，内藤圭史，三輪實，高分子論文集，**70**(1)，1-9 (2013)
11) A. Takeno, M. Miwa, T. Yokoi, K. Naito, and Ali Akbar Merati, *Journal of Applied Polymer Science,* **128**(6), 3564 (2013)

2 四軸®織物「Tetras®」の開発と特性

小河原敏嗣*

2.1 背景

世界初の量産可能な「四軸織物自動織機」を開発した明大㈱は，1963年に地場の織物企業として岡山県倉敷市に創業し，ファッション，アパレル，インテリア関連商材などを手掛けてきた。その当時から「他社がすぐに真似できにくい織物を開発し，提案する」ということを基本に考え，行動し，常に開発型の企業であり続けることを念頭に活動してきた。しかしながら，当時の商材では，シーズン性やその製品の評判により生産量がかなり左右され，一定の仕事量を確保できない不安定な状態が続いていたのが現状であった。それ以来，何か安定した仕事量を確保したいとの思いが強くなり，産業資材関連商材の製作へ舵を切り，現在の主力製品である土木用繊維資材向け織物（約2m幅）の生産や大手高炉メーカーをはじめとする，造船，自動車，建築，その他多方面での荷役運搬作業用として使用される繊維スリング製品を織物から最終縫製加工まで手掛けた商品群を開発し，その製造，販売を手掛けている。最近では，各地での地震による被害も見受けられ，また，近い将来起こるとされている南海トラフ沖地震などへの予防対策として，ベルト状の織物で包帯のように鉄筋コンクリートの柱へ巻いて補強する耐震補強工法（図1）も確立され，その織物を供給する事業も手掛けている。避難所にもなる学校や公民館などの公共施設，鉄道の駅舎や線路の高架，高速道路などの公共交通機関，さらには，ホテルや旅館，ビル，マンション，一般企業の工場や倉庫などの民間施設への展開も次々となされており，この織物は，様々な場面での減災，防災対策に役立っている。

創業以来取り組んできた繊維業界において戦後しばらくは，国を挙げての活況な時代が続いていたが，中国や韓国，台湾，東南アジア地域へ安い工賃を求めての生産移管や技術移転が進むことにより，今や競争力がなくなり，国内の繊維産業全体が衰退する一途を辿っている。織物関係

図1　ベルト状の織物で耐震補強工事をする工法の作業風景

＊ Toshitsugu Ogahara　明大㈱　代表取締役

でいうと，撚糸工程，サイジング加工やビーミング（タテ糸準備工程），製織，染色などの後工程，裁断，縫製などあらゆる工程を経て製品が完成する。これらの各工程が分業体制であり，それぞれが家内工業的に事業を営んでいた時代が前述の海外勢に押され，且つ，事業を継承するための後継者にまつわる問題も発生し，事業自体を廃業せざるを得ない状況に至っているケースが繊維産業の業界では起こっている。

このような状況の中で，如何に生き延びていくかを全社員一丸となって更なる織物の開発や用途追求を継続的に実施しており，その一つに挙げられるのが荷役運搬作業用の繊維スリング事業である（図2）。1970年代の前半に約2m幅の建築，土木用繊維資材向けの織物を供給していた経験から繊維スリングの部材となる細幅織物の開発に着手。中古の織機を改良，試行錯誤の末にその織物を完成させた。次に縫製加工用のミシンでは，全く経験のない状態からミシン自体の構造を把握し，トライアルを繰り返しながら確立させた。

その同じ時期に，籐椅子の背面や座面にメッシュ状の編み物が施されているのを見かけ，その構造が四軸構造であり手編みによるものだと聞く。「この四軸構造の手編みでつくられているものが機械化できたら」という着想から四軸織物自動織機の開発をスタートさせた。1970年前半から開発に着手し，中古織機の改良を繰り返しながら数年で基本的な機構を検証することができた。しかし，ちょうどその時期から荷役運搬作業用の繊維スリング事業の成果が徐々に出始めており，顧客要求でもあった耐薬品用の繊維スリングやソフトタイプの製品開発に注力し，四軸織物に関する取り組みは一時中断した。

1980年後半に，繊維スリングの事業も軌道に乗りだしたころ，開発の虫が再び騒ぎ始め，昔に四軸織物を手掛けたことがあることを思い出し，「機械化できたら世界にない織物ができる」との思いで再び四軸織物自動織機の開発を復活させた。国や県をはじめ，織機に使う部品作りな

図2　荷役運搬用の繊維スリング

どでは多方面の方々の協力を得ながら取り組み，世界初となる四軸織物の成果として発表したのは1989年の事である。その後も織機の生産性を上げる開発を試みてきたが，思うような成果が得られない状況が約10年続いていたころ，四軸織物が世の中にあることを米国で同じ織物業を手掛けているBally Ribbon Mills社の目に留まり，技術供与することになった。当時は，NASA（米国航空宇宙局）のスペースシャトルの外壁に四軸織物が使用できなかという壮大なプロジェクトがあったようだ。このような話をいただいたことがきっかけで，四軸織物の開発が急ピッチで進められ，織機の機構を一から見直すなど，量産が可能な四軸織機をつくることを念頭に取り組んできた。その成果が実り，現在では，安定した量産が可能な四軸織物自動織機へと進歩した。さらに，商標登録した「テトラス®（Tetras®）」，「Tetra-axial®」，「四軸®」を前面に打ち出しながら，四軸織物を使用した用途開発のために各種媒体を利用したPR活動とサンプルづくりを実施し，四軸織物を使用した製品が世の中へ出始めている（取得した商標の一部は欧米をはじめ数か国で国際商標登録済み）。

四軸織物の概念図を図3に示すが，タテ糸，ヨコ糸に加え，左右からなるナナメ糸を同時に配した構造が四軸織物である。

現時点において，四軸織物は，一般的な素材であるナイロンやポリエステルはもちろんのこと，高機能素材であるアラミド繊維，ガラス繊維，炭素繊維などでも製作できる。また，異なった素材の組み合わせも可能なことから，今までの織物では出せなかった特性がこの四軸織物で発揮できると期待される。

2.2　四軸織物の機械的特性

一般的な今までの織物は，意匠性も重要視するファッション，アパレル，インテリア，自動車用シートなどへ使用されるだけでなく，機能性を重視したFRPを代表とする樹脂やゴム製品の

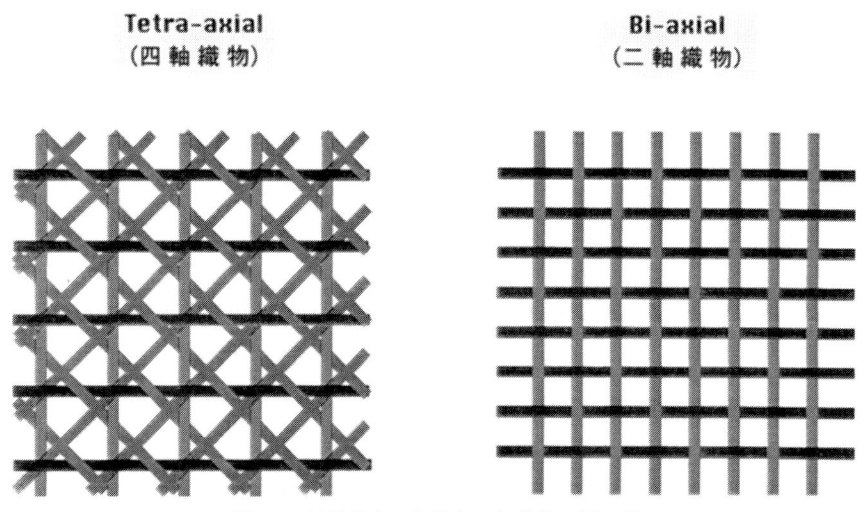

図3　四軸織物と一般的な二軸織物の概念図

基材や様々な装置へ組み込まれている消耗部材など，用途や要求性能に合わせた素材選びから織物組織による性能評価を繰り返し，実装させるなど，普段目に留まることのないところへも織物は利用されており，その用途はそれぞれの利点を生かして多岐にわたる。

しかし，これまでの織物では，タテ糸とヨコ糸で構成されている二軸織物であるため，ナナメ方向に対して変形しやすく，耐引裂き性に弱いなどの欠点があり，耐久性能のある素材への応用展開を図る上で課題となっていた。そこで，我々は，これまでにない世界初の量産化できる四軸織物自動織機を開発し，その織物を提供することで，これらの欠点を克服できるものと考える。この四軸織物は，左右からなるナナメ糸の存在により，形態安定性，耐衝撃性，耐引裂き性などに優位性があり，宇宙航空分野において，NASA（米国航空宇宙局）や航空機での利用が期待できるとして米国のBally Ribbon Mills社も注目した織物である。

形態安定性について，図4に示した通り，二軸織物と比較すると四軸織物はナナメ方向に繊維が存在することから極端に変形が少なく，生地のシワが発生しにくい特徴がある。このような形態が安定している四軸織物では，ラミネート素材の基布やFRPの基布として使用した場合に層間剥離が起こりにくい特性がでると考えられる。また，水や空気などのような液体や気体を面で受ける場合においては繊維が存在する生地のナナメ方向へもその応力が分散されることで変形が少ない状態で保持できる。

耐衝撃性について，図5に二軸織物と四軸織物の破壊パターンの違いを示した。二軸織物では，引っ張られる方向の糸が切れた時点で完全に破壊され，破壊エネルギーは相対的に小さい値を示す。一方，四軸織物では，タテ軸方向の繊維が破断した後，ナナメ軸方向の繊維がその後に破断する多段的な破壊パターンとなり，破壊エネルギーは二軸織物に比べて大幅に向上する。そのため，耐衝撃性，耐迅性に優れているのが特徴的である。

耐引裂き性については，二軸織物と比較して四軸織物は約2倍以上の引裂き強度を有する破れにくい織物である。昔は日本手ぬぐいに切り込みを入れ，手で引裂いて，包帯の代わりにしていた時代があった。このような対応を仮にナナメ糸が存在する四軸織物でした場合，手では引裂きにくいことが実感できる。トラックの荷台にかけるシートや軒先テントの生地などは，一部の破

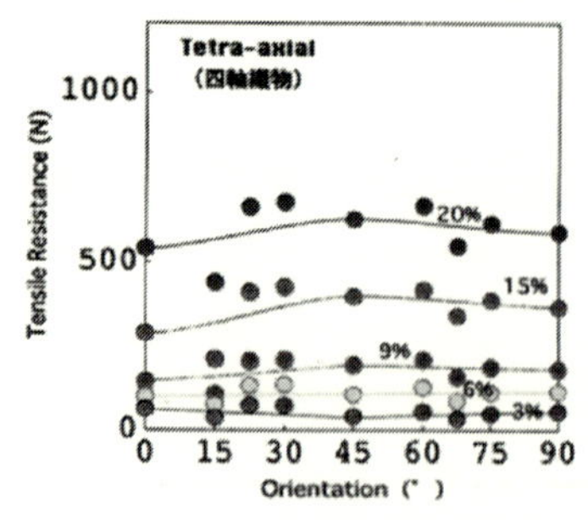

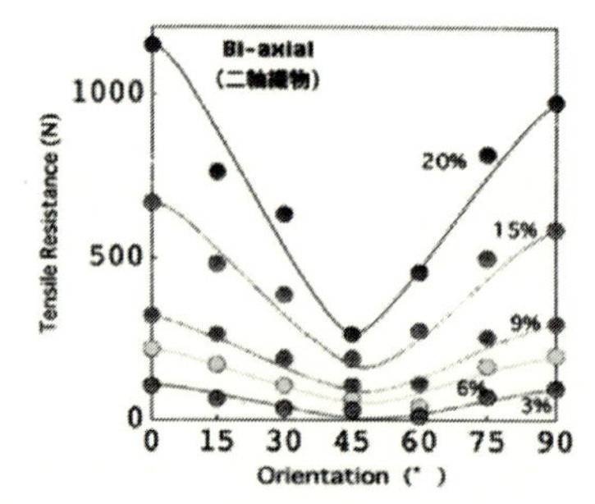

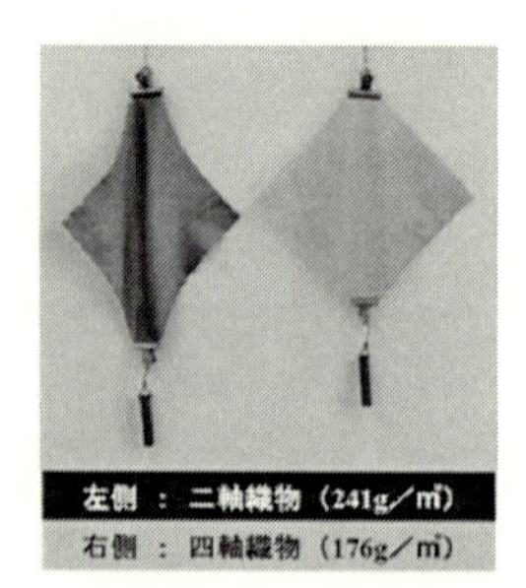

図4　形態安定性に及ぼす四軸織物と二軸織物の違い
（イメージ写真付き）

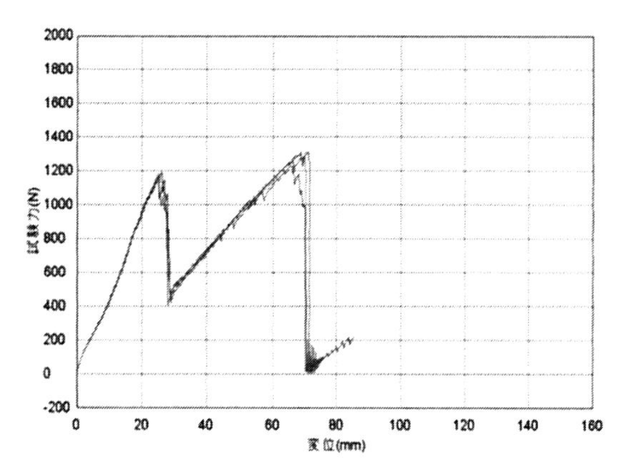

図5　四軸織物の引張試験風景と破壊パターングラフ

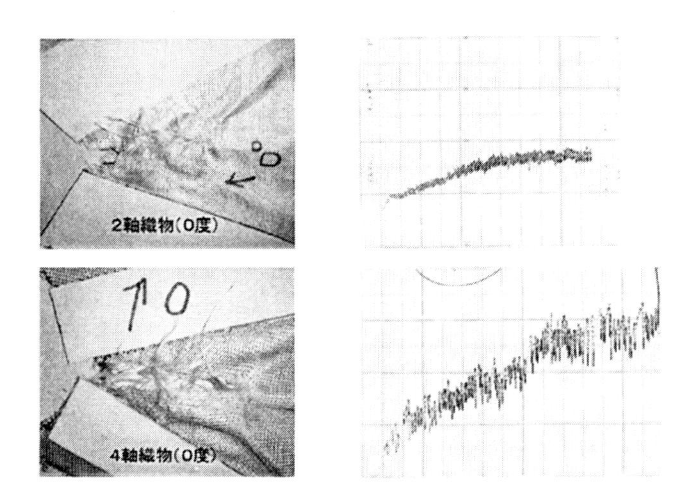

図6　二軸織物と四軸織物の引裂き試験とそのグラフ

れや穴がきっかけとなり，風雨にさらされることで破れが進展していく現象が起こる。このようなシートの基布に四軸織物を使用することで，破れや穴が発生しても傷の広がりはかなり抑えられることになる。

図6には引裂き試験片とグラフイメージを示す。

2.3　四軸織物自動織機の特徴

1970年代の前半，籐椅子に使用されていた四軸構造の編み物が機械化できないだろうかという着想から四軸織物自動織機の開発がスタートした。当初は，中古織機の改良を繰り返しながら四軸織物の生産機を作り，「いかにナナメ糸を挿入するか」というその原理原則を生み出すことができた。

その後，紆余曲折もありながら，試行錯誤と改良を繰り返し，現在では，安定した量産が可能

<table>
<tr><td colspan="3" rowspan="2">四軸織物の生地幅（有効幅）</td><td colspan="2">① 1000 mm</td></tr>
<tr><td colspan="2">② 1500 mm</td></tr>
<tr><td colspan="3">織物密度設定（本／インチ）</td><td rowspan="2">目付（g/m²）
ポリエステル
1100 dtex</td><td rowspan="2">製織可能な繊度
dtex
（実績）</td></tr>
<tr><td>タテ糸</td><td>ヨコ糸</td><td>ナナメ糸</td></tr>
<tr><td>4</td><td>4</td><td>5.6</td><td>90</td><td>420～6600</td></tr>
<tr><td>8</td><td>8</td><td>5.6</td><td>125</td><td>420～3300</td></tr>
<tr><td>8</td><td>8</td><td>11.3</td><td>175</td><td>420～1100</td></tr>
<tr><td>10</td><td>10</td><td>14.1</td><td>240</td><td>420～1100</td></tr>
</table>

※生地幅は上記２種類での仕様になります。
※目付は，実測値の概算であり織物設計値ではありません。

図７　四軸織物自動織機の外観図とその織物仕様

な四軸織物自動織機（図７）へと進歩した。

四軸織物は，ナイロンやポリエステルなどの一般素材からアラミド繊維，ガラス繊維，炭素繊維などの高機能素材に至るまで様々な素材での生産が可能である。これにより，開発を続けてきた四軸織物自動織機では，用途に応じた機能的な要求事項を解決するためや製品のデザイン性を考慮するために，あらゆる素材や色の中から選び，組み合わせて織ることが可能である（図８）。

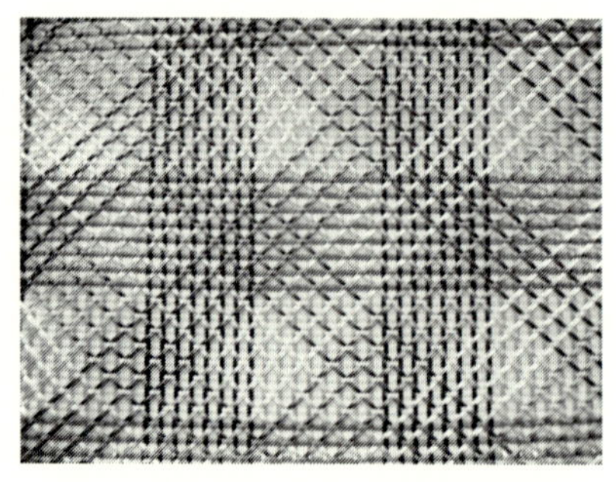

図８　異素材（無機と有機）の組み合わせ（左），色糸を組み合わせてのデザイン（右）

2.4　四軸織物「テトラス®（Tetras®）」の用途開発

2003年に四軸織物のブランド「テトラス®（Tetras®）」の商標登録がなされ，世界で初めて四軸織物がスポーツ分野であるテニスラケットのフレーム部材に採用された。その後，ゴルフクラブシャフト，卓球やバドミントン用ラケットなどのスポーツ用具，車載用スピーカーの振動板（コーン）の音響設備，住宅リフォーム時の耐震補強用など，本格的な実用化がなされている（図9）。また同時に，この新しい織物素材の意匠性，デザイン性の視点から欧米を中心とした大手ブランドメーカー向けへの展示会出展やその他の多岐にわたる分野へのサンプル提供，試作への取り組みを実施しており，四軸織物の特徴を活かした製品開発が活発に行われている。

特に今後は，アラミド繊維，ガラス繊維，炭素繊維などの高機能繊維を強化基材の一つとして使用した樹脂複合材が，輸送・搬送機器分野を中心に大きな需要として期待されている。

2.5　四軸織物の今後の展開

タテ糸，ヨコ糸，そして左右からなるナナメ糸により構成されている四軸織物は，二軸織物と比較して，形態安定性，耐衝撃性，耐引裂き性など極めて特徴ある性質がある。

これらの特性を生かして，宇宙航空分野をはじめとする様々な産業分野，ファッションやアパレル，雑貨に至るまでの趣味・嗜好分野へと広範囲な応用展開が期待される。例えば，軽量・高強度・ねじり特性を生かした自動車用部材（ルーフ，ドア，ボンネット，ドライブシャフトなど），大型構造部材（テントなどの膜構造材料，風力用プロペラ，高層建築ビル，トンネル補修部材など），介護福祉医療分野（車椅子，バスタブ，介護用ネット，コルセットなど）が上げられる。また，ファッション・インテリア分野（衣類，バック，椅子など）においては，この特徴ある四軸織物の特性を生かすと同時に，そのデザイン性についても注目されている。また，スポーツ関

図9　四軸織物を使用した製品群の一例

連分野ではゴルフクラブシャフト，テニス・バトミントン・卓球ラケットなどの各競技の用具向け部材として，あるいは，機能性，デザイン性が必要なシューズやバッグなどの用品向け部材としても注目を集めている。さらには，土木建設用盛土の補強素材，トンネルや橋脚などのコンクリート補強材，建築構造物の耐震補強部材などへの応用にも検討が進められている。

このように，様々な業界への用途展開が見込まれ，期待されている画期的な世界初の四軸織物「テトラス®（Tetras®）」は，あらゆる繊維素材の組み合わせによる製織も可能であり，今までの二軸織物では成し得なかった弱点を克服する特性を持ち，且つ，四軸織物でしか表現できないデザイン性もあわせもった新たな織物の新素材として，各分野での活躍が期待されている。

3　東レのナノファイバーの特性と用途展開

増田正人*

3.1　はじめに

繊維素材は，製糸技術や高次加工技術により様々な製品形態をとることができ，汎用材料から高機能材料と幅広い分野に適用されている。フィルムなどの他素材と比較して，繊維は細くて長いという形態的特徴を有しており，この素材を利用する必要性は，この形態的特徴を活かすことにある。このため，繊維ならではの特性（下記）を向上させる“細さ”の極限追求（極細化）は，繊維素材の特徴を最大化することを意味し，学術的にも，工業的にも重要な意味合いを持つ。

＜極細繊維が発揮する特性[1]＞

① 柔らかさ，可とう性，滑らかさ，捩れやすさ
② 繊維群間に生じる微細な空間
③ 単位重量あたりの表面積の大きさ，界面特性
④ 他素材との微細な相互入り込み
⑤ 曲げ時の低反発性
⑥ 集中応力の分散

極細繊維の製造方法をまとめると，図1のようになり，フィラメントタイプとランダムタイプに大別できる[2]。歴史的に見ると，最初に検討されたのは，メルトブローやフラッシュ紡糸などのランダムタイプの極細繊維であり，一工程で極細繊維からなる不織布が得られるという特徴を活かし，シート状繊維素材の製造方法として確固たる地位を築いている。

一方，フィラメントタイプにおいては，1960年代のDu Pont社による鋭いエッジを持つ繊維[3]を基点とし，主に複合紡糸技術として，独自に検討がすすめられた。1970年代にはいると，当社が約0.1 dtex（繊維径：約3 μm）の超極細繊維を使ったスエード調素材“エクセーヌ”（現在の“ウルトラスエード”）を上市して，現在では一般的になったフィラメントタイプの極細繊維の製造方法の基礎が構築された。

極細繊維は，汎用ポリマーを利用した場合でも特徴的な触感や外観，またそのサイズが織り成す機能を発現させることができるため，合繊各社が事業化し，その細さの追求が進められた。極細繊維の繊維径は，口金技術だけでなく，ポリマーブレンド法[4]といった新しい繊維技術の開発が進められるに伴い，ミクロンオーダーからサブミクロンオーダー（超極細繊維）に縮小され，さらにエレクトロスピニング法[5]やポリマーブレンド法[6]による技術革新により，繊維径がナノサイズであるナノファイバーが生み出された。

＊　Masato Masuda　東レ㈱　繊維研究所　主任研究員

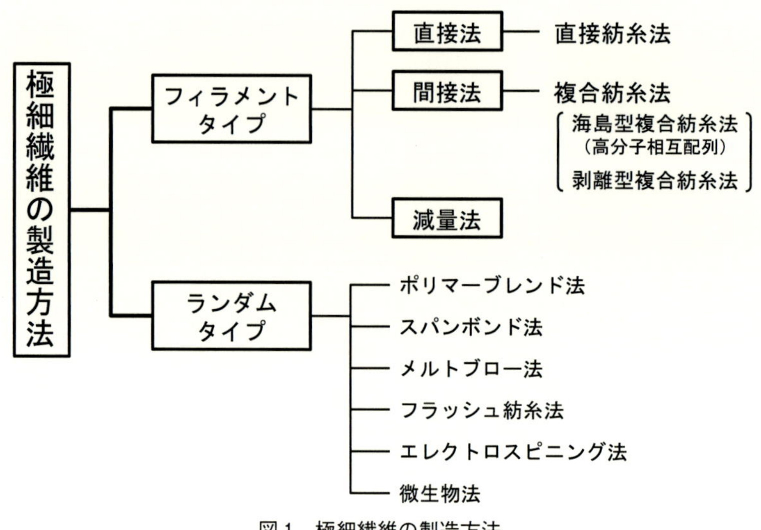

図1　極細繊維の製造方法

3.2　ナノファイバー技術

ナノファイバーの定義は，学術的には，繊維径が100 nm未満（1 nmは1 mmの10^6分の1）であり，断面に対する長さ（アスペクト比）が100以上の繊維素材を言う。しかしながら，昨今のナノマテリアルの取り扱いや，なにより100 nm未満の繊維素材を工業的に加工できる技術が少なく，工業的にはこの定義を広く捉え，繊維径1000 nm未満，アスペクト比50以上をその定義とし，高機能新素材として開発が進められている[7]。

ナノファイバーは重量あたりの表面積を表す比表面積が汎用繊維と比較して飛躍的に増大し（図2），さらにはナノファイバー間に形成される空隙がナノオーダーになることなどから，ミクロンオーダーの繊維（マイクロファイバー）では，得られない新しい特性（ナノサイズ効果）が

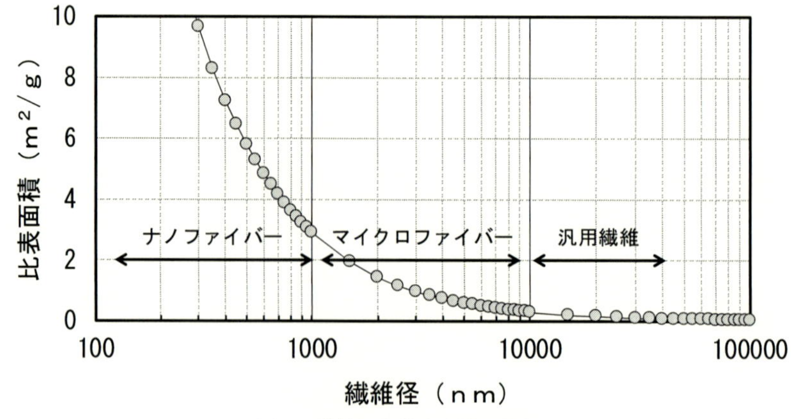

図2　繊維径と比表面積の関係

表1　ナノファイバーの製造方法

		極細化	紡糸性	製品多様性	安全・環境	設備
フラッシュ紡糸	溶液	△	△	×	×	×
エレクトロスピニング法		△	○	×	×	×
メルトブロー法		×	○	×	○	○
ポリマーブレンド法	溶液	△	×	○	○	○
複合紡糸法		×	○	○	○	△〜○

発現すると言われている。

これらのナノファイバーの特性を利用すると，例えば，汎用繊維（細くても10 μm程度）では得ることができない柔軟なタッチやきめ細やかさを利用できるようになり，衣料用の新触感テキスタイルとしたり，繊維間隔が緻密になることを利用した防風性や撥水性を有したスポーツ衣料としての活用が期待できる。また，産業資材という観点では，ナノサイズとなった繊維が細かい溝へ入り込むため，精密機器などのワイピングクロスや精密研磨布として活用できたり，微細な繊維間空隙に非常に細かい塵を捕捉する高機能フィルターなどへの展開が期待できる。

表1にはナノファイバーの製造技術の一覧を示すが，これらの技術の研究・技術開発が盛んに進められることにより，繊維径100 nm以下の極限的に細い繊維径を有したナノファイバーの製造を可能とした事例も見られるようになってきている[8)]。

中でも，静電力などを利用するエレクトロスピニング法はその研究・技術開発が多くの大学や企業で盛んに行われており，ナノファイバー製造方法における主流技術である[9)]。この技術では，基本的には繊維径の分布は大きいものの，繊維径が数十nm〜1 μm程度の繊維を得ることが可能であり，一工程でナノファイバーからなるシート状物を得ることができるという利点を有している。また，最近では，溶媒を使わない溶融型のエレクトロスピニングが開発されるなど，今後も飛躍的な発展が期待される。

3.3　東レのナノファイバー技術

ナノファイバー製造技術（表1）において，溶融紡糸を利用するポリマーブレンド法や複合紡糸法は，複合繊維のままで繊維構造体に加工した後にナノファイバーを発生させる手法のため，ナノファイバー製品形態の多様化（織編，不織布，液体分散体など）という観点で大きな優位性がある。さらに，このナノファイバーは，製糸工程（紡糸・延伸）にて，比較的良好な繊維構造（配向結晶化など）が形成されるため，ナノファイバーの力学特性や耐熱性が優れたものとなる[8)]。工業的な観点では，製糸に溶媒を使用しないため，環境・安全的側面の観点からも好適であり，なにより現存設備を利用できることが開発期間やコストという点で大きな魅力である。

個々の技術を見るとナノファイバーを製造可能とするには，大きなブレークスルーが必要であるものの，ナノファイバーの研究・技術開発が推進される動向を鑑みると，取り組むべき重要なテーマであり，当社の溶融紡糸によるナノファイバー技術を以下で紹介する。

3.3.1 ポリマーブレンド法（短繊維型ナノファイバー）[8]

ポリマーブレンド法は，ポリマー粘度と気流速度により，おのずと繊維径の縮小化に限界があるメルトブロー法や口金設計上の制約がある複合紡糸法と比較し，極細化には優位性がある（表1）。但し，紡糸性に関しては，2成分以上のポリマーが混在し，それぞれの変形挙動をとることで，ポリマー（糸条）の細化挙動が不安定化しやすく，安定した製糸が困難になる場合がある。また，最終的にナノファイバーを得るためには，ブレンドするポリマーの1成分が，初期（吐出直後）の段階から微分散されている必要があり，この微細化に伴うポリマー界面の増大が，安定した製糸をさらに困難にするものであった。この技術課題に対し，口金孔内の流動や糸条の細化過程を厳密に制御することにより，ブレンドしたポリマーが超微分散化されつつも，工業化が可能な製糸性が達成されることを見出し，溶融紡糸法によるナノファイバー技術を世界に先駆けて創出することに成功した。

このポリマーブレンド法により得られたナノファイバーの横断面の例を図3に示す。図3に示したナノファイバーは，図1の技術分類ではランダムタイプに属するが，他の手法と比較して，有限な繊維長を有する短繊維型ナノファイバーであり，図1の事例においては，平均直径60 nmという極限的な細さを達成している。また。この短繊維型ナノファイバーは，様々な製品形態に加工することが可能であり，糸束中で自己集合し，ナノファイバー集合体を形成し，さらにそれが集まって繊維束を形成する階層構造を形成するというユニークな特長を有し，この階層構造により，従来のナノファイバーにはない可逆的な吸湿膨潤挙動を示す（図4）。この特性を利用す

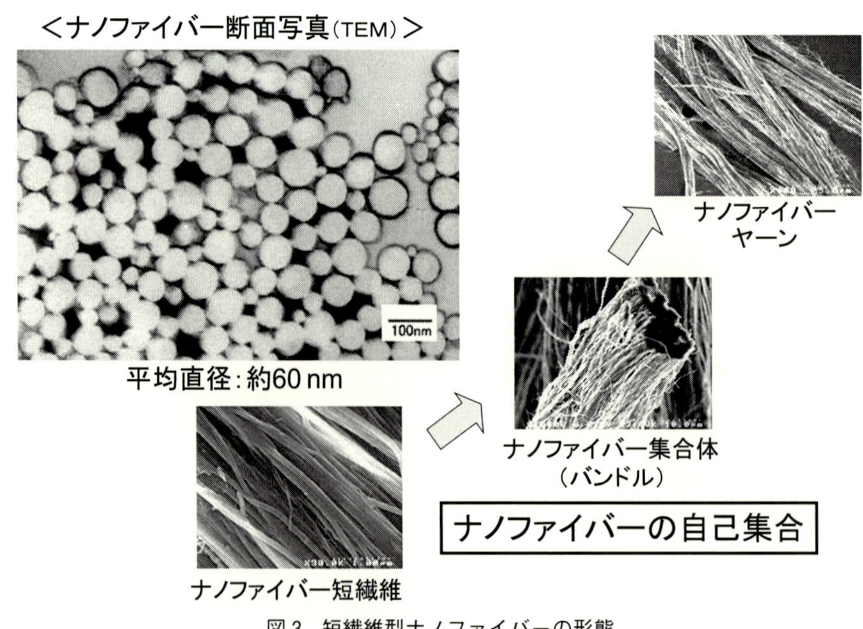

図3　短繊維型ナノファイバーの形態

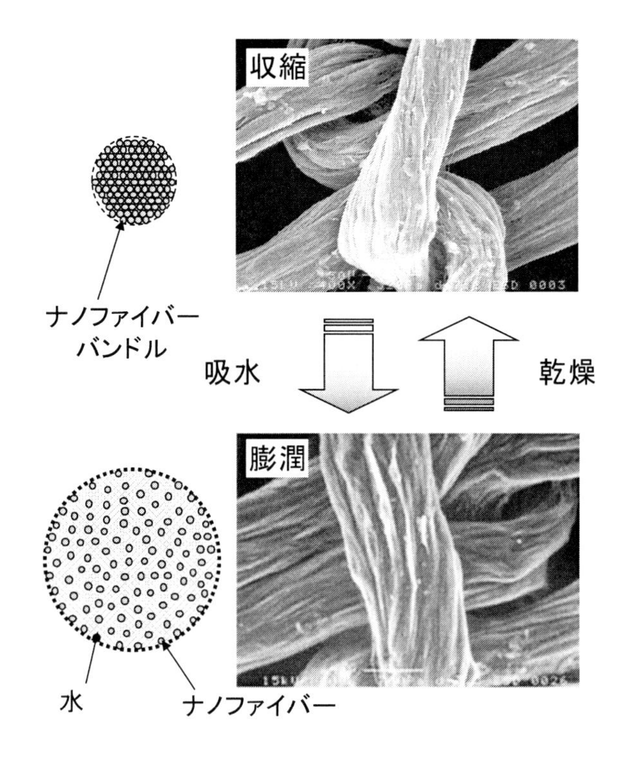

図4　短繊維型ナノファイバー集合体の吸水膨潤挙動

れば，ナノファイバー束が吸水膨潤し，容易に変形することができるため，例えば，スキンケアクロスなどの美容用品に活用した場合に，ナノファイバーが人肌上の汚れをきれいに拭き取るだけでなく，吸水膨潤効果により，人肌に与える擦過のダメージを小さくできることがわかった。また，その圧倒的な比表面積により，汎用のナイロン繊維と比較して，3倍以上の優れた保水性やアンモニアガスなどのVOCガス吸着能力があること，更に，機能薬剤の加工性や担持性にも優れるなどと言った効果も明らかになっている。短繊維型ナノファイバーは，多様な製品形態をとることが可能であり，美容用品などを中心とした展開を進めている。

3.3.2　複合紡糸法（長繊維型ナノファイバー）[10]

複合紡糸法は，溶融紡糸を利用したナノファイバー製造技術でも特に“細さ”の極限追求には不利な技術であると考えられてきた。一方，複合紡糸法で得られるナノファイバーは，表1に示した他のナノファイバー製造技術と比較すると，繊維径が均質であることが特徴となる。また，ナノファイバーを単繊維として存在させることも可能で，繊維長が汎用繊維と同様に連続であり，繊維構造体（織編物を含む）の耐久性や高次加工などの工程通過性などで優位である。

複合紡糸法での極細繊維の製造では，マトリクスとなる海成分の中に，後に極細繊維となる島成分を多数配置した繊維断面の繊維（海島複合繊維）を利用するものである。この手法で細さを追求する場合には，繊維断面における島成分の数を如何に増大させ，個別に配列させるかが，最終的な繊維を極細化するポイントとなる。この基本思想に従い，超多島化を達成すればナノファイバーを製造することが可能となるが，実際には，物理的な制約により島数の増加には限界があることに加えて，そもそも超微細化したポリマーの流れを制御するのが非常に困難なことである。すなわち，わずかなポリマー流れの乱れが複合断面全体を不安定化し，島成分同士が融着などすることが，複合紡糸法でナノファイバーを得ることを困難にする。

当社は，先に記載した高分子相互配列繊維によって構築された技術の深化に加えて，この超微細ポリマーの流動制御を追及することで，繊維断面の超精密制御を可能とする革新複合紡糸技術“NANODESIGN”を創出し，様々な新しいナノファイバーの製造に成功した（図５）。

この“NANODESIGN”を活用したナノファイバーは，単繊維径が 1000 nm 級から，一般には製造が困難とされていた 150 nm 級までの極限的な細さの長繊維型ナノファイバーを製造することができる。さらに，この「細さ」の極限追求という側面に加えて，“NANODESIGN”による繊維断面の精密制御を突き詰めることで，従来技術では原則的に丸断面か歪んだ丸断面であったナノファイバーの形状を，自由に制御できることを発見し，三角形や六角形などの多角形断面や断面に凹部を有したＹ形などといった世界初の異形断面ナノファイバーの採取にも成功している。以下で“NANODESIGN”を活用した研究・技術開発の事例を紹介する。

(1) 世界初となる繊維径 150 nm の超極細ナノファイバー[11)]

“NANODESIGN”の精密断面制御を追及し，従来技術では概ね数十から数百島程度であった海島繊維１本あたりの島数を数千島まで高めることに成功し，従来技術では製造が不可能とされていた 300 nm 級に加え，さらに繊維径を半減させた 150 nm 級の世界最細レベルの長繊維型ナノファイバーの製造を達成した。この超極細ナノファイバーは，エレクトロスピニング法やポリマーブレンド法といった他の手法と比較して，繊維径の均質性が圧倒的に優れるものであり，複合紡糸法の利点である高次加工通過性や製品多様性に優れるといった特徴も兼ね備えている（図６）。

ここで得られる超極細ナノファイバーでは，比表面積の増大に伴う，優れた機能を発現することが明らかになりつつある。例えば，その繊維構造体は均質かつ緻密な構造体となり，静摩擦や

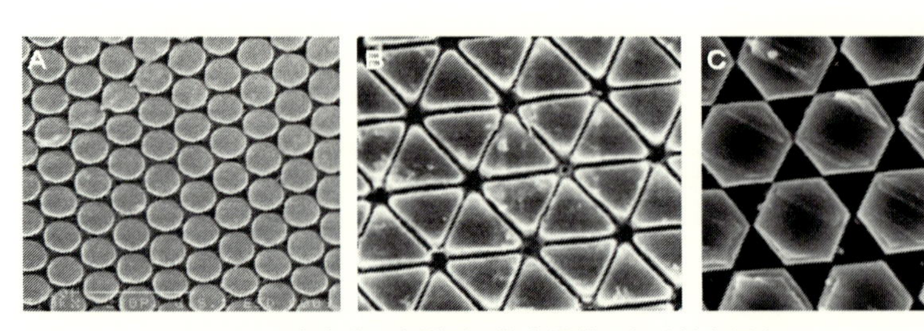

Ａ：島成分が丸断面の複合繊維の部分拡大写真
Ｂ：島成分が三角断面の複合繊維の部分拡大写真
Ｃ：島成分が六角断面の複合繊維の部分拡大写真

図５ “NANODESIGN”による繊維断面制御

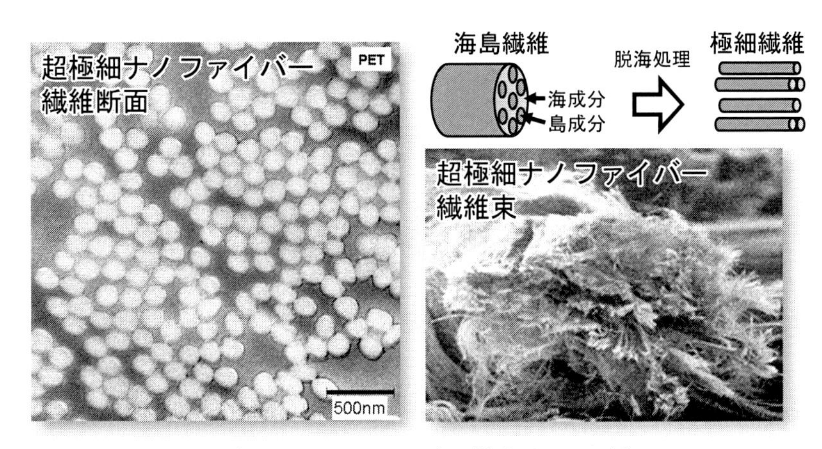

＜従来のナノファイバー技術との比較＞

手法	エレクトロスピニング	ポリマーブレンド	“NANODESIGN”
平均繊維径	200nm	150nm	150nm
繊維径ﾊﾞﾗﾂｷ	100	50	10

※エレクトロスピニングのバラツキが100

図6　“NANODESIGN”による超極細ナノファイバー

濾過・分離機能が飛躍的に向上し，繊維径150 nmのナノファイバーからなるシート物の塵捕集効率は，通常濾材で必要な後加工をすることなく，既存の高機能フィルター用濾材と同等以上の性能を発揮することが実証されている[11]。

(2)　繊維断面に凹凸を有した異形断面ナノファイバー[12]

前項の「細さ」の極限追求という側面に加えて，“NANODESIGN”によるポリマー界面制御を追及することで，複合ポリマーの界面を高精度に制御することが可能であることを見出し，従来技術では原則的に丸断面か歪んだ丸断面であったナノファイバーの形状を，自由に制御できることを発見したのである。この現象を利用することで，ナノファイバーの形状を三角形や六角形などの多角形断面や断面に凹部を有したY形などにすることが可能となり，世界で初めて異形断面ナノファイバーの採取に成功した（図7）。

一般的な丸断面ナノファイバーでは，繊維径の細径化に伴い剛性（断面2次モーメント）が低下していくものであるが，これが過剰に発現する場合には，高次加工を複雑にし，工程通過性が低下するなどといったデメリットとして働く場合もある。一方で，“NANODESIGN”による異形断面ナノファイバーは「形」を変えることで，特徴である比表面積はそのままに，ナノファイバー1本1本の剛性を高めることが可能になる。このため，図8に示す通り，乾燥状態はもとより，同じ繊維径（500 nm）でありながらも三角断面ナノファイバーの剛性は丸断面対比高く，水中においても断面形状により織編物の力学特性（張り，腰）が向上することがわかる。このため，水系処理が多い高次加工でも工程通過性が良好になると共に，使用雰囲気の制約が低く，産

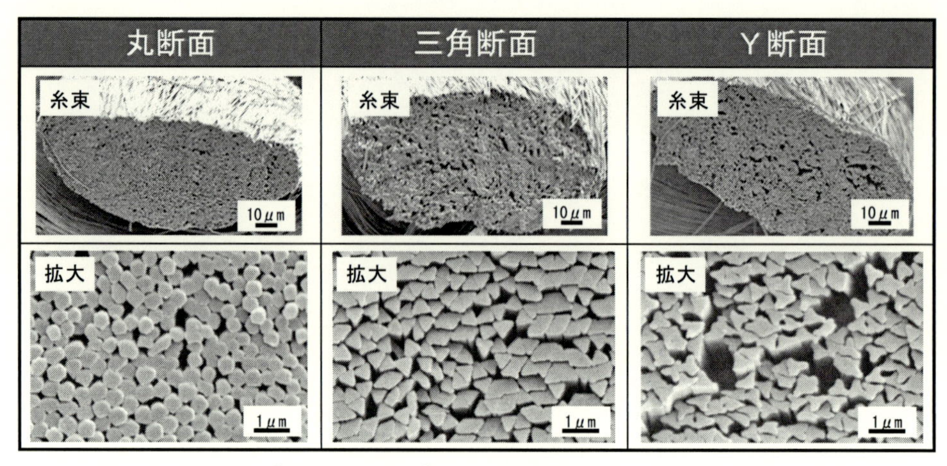

図7 “NANODESIGN”による異形断面ナノファイバー

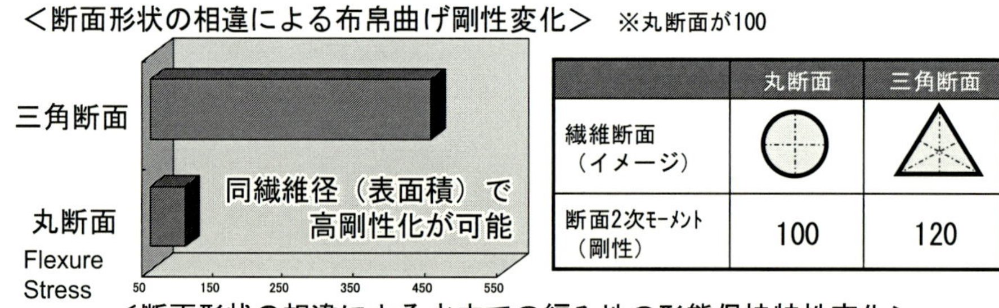

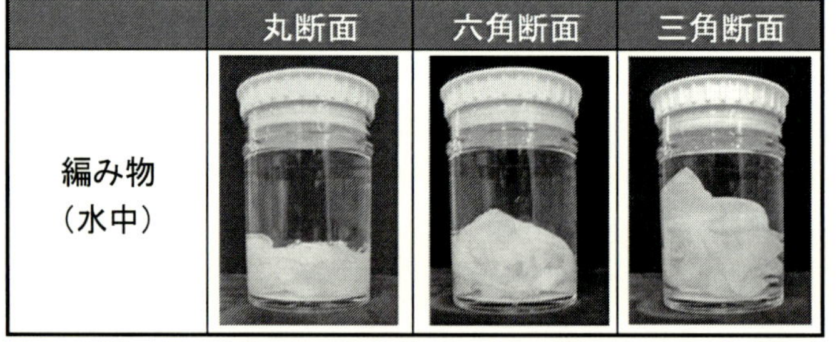

図8 ナノファイバー異形化による剛性変化

業資材用途でも幅広い展開が期待できる。

また，Y型断面ナノファイバーは，特に精密なワイピング性能が必要となる用途に非常に好適な特性を有することが見出されており，断面のエッジ部分で汚れを浮かして掻き取りながら，断面の凹部により生まれる空隙に掻き取った汚れを吸収・保持できる。このため，払拭面には微細な汚れさえも残っておらず，高度なワイピング性を有する丸断面ナノファイバーと比較しても，極めて優れたワイピング性能を発揮することがわかる（図9）。

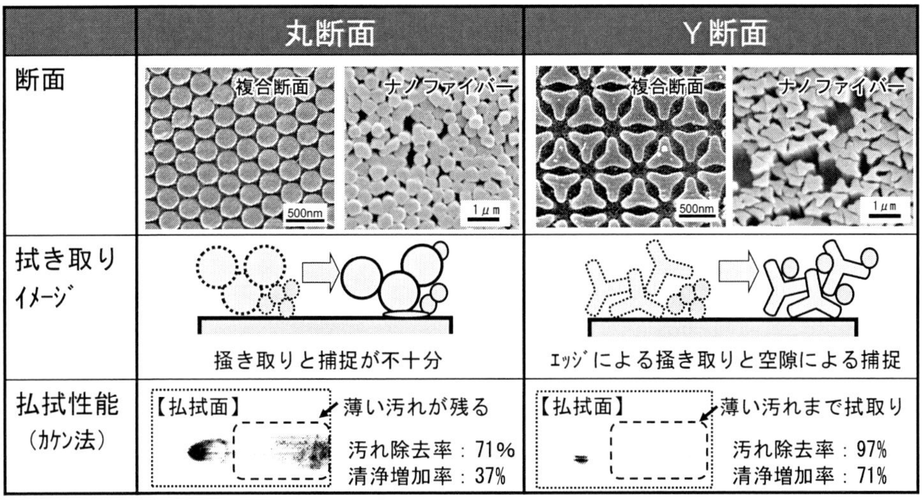

	丸断面	Y断面
断面	複合断面 500nm / ナノファイバー 1μm	複合断面 500nm / ナノファイバー 1μm
拭き取りイメージ	掻き取りと捕捉が不十分	ｴｯｼﾞによる掻き取りと空隙による捕捉
払拭性能（ｶｹﾝ法）	【払拭面】 薄い汚れが残る 汚れ除去率：71% 清浄増加率：37%	【払拭面】 薄い汚れまで拭取り 汚れ除去率：97% 清浄増加率：71%

※汚れ除去率：{（初期面積）－（処理後面積）}／（初期面積）　×100（%）
※清浄増加率：{（処理後面積）／（初期面積）－1}　×100（%）

図9　異形断面ナノファイバーによる払拭性能

3.4　おわりに

ナノファイバーは，その形態から発現する特性が解明されるにつれ，その効果が一般にも認識されるようになり，着実に“高機能新素材”としての地位を確立しつつある。安全，環境に対する関心の高まりやより快適な生活を求める世の中の動向を鑑みると，このようなニーズにマッチするナノファイバーマテリアルの市場は，今後拡大していくものと予想され，その技術開発が一層推進されるものと考えられる。ここでの課題は，ナノファイバーのポテンシャルを見極め，如何に取り扱うかである。具体的には，ナノファイバー製造技術の更なる追求はもとより，ナノファイバーに適した高次加工技術の開発とナノファイバーのポテンシャルを活かすことができる新製品の創出が必要であり，これには，ひとつの企業の枠組みを超えた他企業や大学，公的研究機関などとの連携や情報交換が重要である。

本稿では，当社における溶融紡糸法を利用した短繊維型および長繊維型の2つのタイプのナノファイバーの特徴について紹介した。当社のナノファイバー技術は繊維径で1000 nm未満の領域を幅広く網羅しており，特に開発した革新ナノファイバー技術は，ナノファイバー断面の制御を可能とすることで，用途によっては，制約のあったナノファイバーの適用範囲を大幅に広げる可能性がある。当社のナノファイバー技術は，これら2つのタイプのナノファイバーを単独で，あるいは複合させることで様々な製品形態にも対応することが可能であり，快適衣料や機能スポーツ衣料などの高機能アパレル，不織布などのシート状物とすることによりフィルターや医療材料，電池材料など高性能機能資材，環境・水・エネルギー，情報通信・エレクトロニクス，自動車，ライフサイエンスにわたる幅広い領域での応用が期待される。

文　献

1) 岡本，高機能繊維の開発，213-224，シーエムシー出版（1988）
2) 岡本，最新の紡糸技術，繊維学会編，205-226，高分子刊行会（1992）
3) 特公昭 39-933 号公報（Du Pont）
4) 特開昭 63-243314 号公報（クラレ）
5) H. Fong *et al.*, *Polymer*, **40**, 4585 (1999)
6) 特許 4184917（東レ）
7) Nanofibers, BCC Research (2010)
8) 越智，繊維学会誌，**63**(12)，423-425（2007）
9) 川部，繊維学会誌，**64**(2)，64-69（2008）
10) 東レプレスリリース，「革新ナノファイバー」技術の創出について（2011）
(http://www.toray.co.jp/news/fiber/nr111130.html)
11) 東レプレスリリース，世界最細の革新ナノファイバーの創出（2013）
(http://www.toray.co.jp/news/fiber/nr130129.html)
12) 東レプレスリリース，ナノファイバーの革新的製造技術を開発（2014）
(http://www.toray.co.jp/news/fiber/nr140305.html)

高機能・高性能繊維の開発と利用の最前線

2019年8月6日　第1刷発行

監　　修　山﨑義一　(T1122)
発 行 者　辻　賢司
発 行 所　株式会社シーエムシー出版
東京都千代田区神田錦町1－17－1
電話 03(3293)7066
大阪市中央区内平野町1－3－12
電話 06(4794)8234
http://www.cmcbooks.co.jp/
編集担当　福井悠也／門脇孝子

〔印刷　尼崎印刷株式会社〕

ISBN978-4-7813-1429-7 C3058 ¥51000E